aella

aella

aella

aella

# aella

ATTRACTION · ELEGANCE · LOVE · LEARNING · ACTION

# 我要那雙鞋！

## voglio quelle scarpe!

Paola Jacobbi◎著

廖婉如◎譯

# Contents

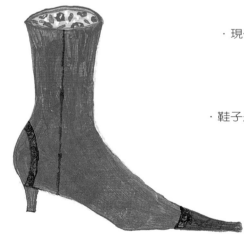

# 裸露的腳

⊙柯裕棻

一本關於鞋子的書其實是一本關於渴望和表現的書，也是一本召喚記憶的書。

鞋子是一個人的立足點，是踩在腳底下的渴望或難堪。太小的鞋子讓人感到屈就和束縛；太大的鞋子拖泥帶水，沒有主張；太炫耀的鞋又使人特別明目張膽，彷

彿成了眾矢之的；舒服的鞋子使人感到自由，彷彿沒有穿鞋。

　　但是真的沒有穿鞋的時候，就和平常時不太一樣。


　　小時候暑假的晚上爸爸固定會帶我去游泳。爸爸的脾氣不太好，平常我很怕他，即使到了現在，和爸爸講話時我還是有點畏懼。童年時竟然曾經有這麼一段父女玩在一起的時光，我覺得非常不可思議。

　　我很小就學會了游泳，所以我游的不是小孩子玩水的小池子，而是跟著爸爸在五十乘二十五公尺那種國際標準池裡游。只有在那種時候我誰也不怕，非常快樂。我總是把換下來的衣物和袋子扔在池邊，套著游泳圈就撲通跳下去了。

夏夜的游泳池燈火通明，沒有暗賊。衣物那樣放著，從來也沒有丟過東西。

　　小學三年級暑假的某一天，游泳上岸之後我卻怎樣也找不到涼鞋。那雙鞋是當天下午剛買的，白色牛皮，上面有小花。本來媽媽不讓我穿新鞋去游泳，但是我實在等不及，堅持要穿，沒想到第一次穿就搞丟了。

　　我越找越急，四處翻遍了也沒有下落。鞋丟了是怎樣也無法遮掩矇混的過失，一想到接下來要挨的責罵，心一慌，就在池邊的水銀燈下掉眼淚。

　　幾個別的小學的高年級生圍過來，他們是一群因為游泳而和我熟識的孩子，可是此刻他們卻幸災樂禍地說：「活該，愛漂亮穿新鞋，這下找不到了吧。」

　　平時我就知道他們沒有那樣喜歡我，因為我就讀的

小學與他們的小學之間有微妙的敵對關係，那種競爭心態是由長年的合唱、演講、作文、繪畫等等校際比賽造成的，小孩之間也就自然而然有了壁壘。

而且，除了學業形式的競爭之外，我念的那所小學在家長之間的評價也高過其他的小學，雖說是孩子，我們其實也隱隱感到這差異背後的重量。我們在池子裡玩的時候，即使是穿著泳衣而不是制服，心裡還是披著大人世界的冷暖區別，我們父母親的工作決定了我們的居住地點，也就決定了我們就讀的學區和未來的許多事情。有時候他們跟我說話會帶著羨慕的口氣，有時候那種羨慕會轉化為不服和輕蔑。

我流淚說：「你們別鬧，還給我吧。別藏了，快還給我吧。」

孩子之間的友誼很奇妙，有些時候，越是被動馴良的孩子反而越不容易有朋友。孩子群奉行的道理是弱肉強食，總是有人帶頭起鬨，仗著人多勢眾就欺侮落單的那個，而且沒什麼道理。

　　我生存的方法通常是依靠一個小團體，以免遭到孤立和排擠，雖然誰也不知道自己什麼時候會遭到來自團體內部突然的排擠。

　　我知道我突然被這個小團體排擠，是因為那雙新鞋，還有其他當時隱約明白卻說不出來的原因。

　　如果是在自己的學校裡，我還可以想出抵抗的法子，但是在夏夜的游泳池，赤腳面對一群他校的高年級生，我偏偏先示弱流下了眼淚，就大勢已去了。

　　爸爸發現我在池邊哭，走過來問我出了什麼事。那

些孩子看見爸爸，就成群地溜了。

　　我說：「鞋子不見了，剛剛上來就沒看見了。」

　　爸爸說：「是他們拿的嗎？」

　　我說：「不是。」

　　爸爸出乎意外地沒有生氣，反而陪著我找鞋。以當時我家的家境而言，根本沒辦法重新買一雙，因此不只是我有錯，爸爸自己也有某種照顧不周的責任。

　　鞋當然沒有找著。游泳池關門了，燈都關了，我才非常不甘願地放棄。爸爸笑著對等在門口的救生員抱歉說：「沒辦法，小孩子。」

　　我赤著腳走出游泳池，感到很屈辱。我至今仍然覺得是那些孩子藏起來的，但是我不明白為什麼我不敢說出來。

回家的路上我坐在爸爸的腳踏車後面，兩隻腳晃啊晃的，很涼。

　　北上唸大學之前，我曾到過台北幾次，是參加比賽之類的活動，患得患失，因此沒有什麼特別的記憶。唯一記得的一次台北經驗，是高一升高二的暑假，十六歲。

　　我跟著媽媽出差到台北來，媽媽去開會的時候，我就和當時在台北讀書的朋友連絡。這個朋友是我的小學同學，她北上念高中之後，我們還繼續通信往來。

　　雖然是暑假，台北的高中還是得上輔導課。那天下午朋友穿著制服就來了，而且據說下午就隨隨便便翹課了。

我和媽媽住的地方是一個很安靜的出差宿舍，一點點聲響就會弄得餘音回盪。我們壓低聲音，躡手躡腳走過空盪盪的走廊，正要出大門的時候，因為一直踮著腳，我涼鞋的鞋帶突然，啪地，斷了，而且斷得相當徹底，沒法再穿了。

　　這也是一雙白色涼鞋。我沒有帶其他的鞋。

　　沒有鞋就哪兒也去不了。兩個人坐在走廊邊的沙發上苦惱。

　　朋友說：「妳穿他們宿舍的拖鞋吧，浴室裡總有拖鞋吧？」

　　我拒絕，那種綠色的橡皮拖鞋怎能穿出去呢。

　　「管他呢，就今天而已，反正台北沒有人認得妳。妳明天就走了。」

我們爭執了很久，我沒辦法穿那種鞋出門。

朋友急了，帶著氣說：「哎，我都翹課了，妳還擔心這個。」

所以我那天就穿著浴室專用的綠色拖鞋和朋友出去了。我們搭公車、散步、逛街、吃冰，晃盪了很多地方，我的心情始終很沉重，感覺雙腳涼颼颼的，與赤足無異。我不斷注意路人的腳，沒有人穿拖鞋。

途中經過幾家鞋店，我們也曾停下來看涼鞋。但是出於某種賭氣的心情，我鬧了彆扭，我說我無所謂，不想買鞋，反正只有今天。

後來，在某個熱鬧的街口，有幾個高中男生跟朋友打招呼。現在回想，那應該是西門町或是博愛路一帶。這些男生也是翹課出來混的。

朋友和他們聊了一會兒，不外乎是講義和考試的話題，我刻意保持有禮但不交談的距離，站在離他們三步遠的地方，完全不想打招呼，也不加入他們的討論。

　　但是朋友興高采烈地聊著，一點也沒有要結束的意思。我知道她很喜歡其中某一個男孩子，她曾經在信裡偷偷告訴我這男孩子的事。我看見其中一個男孩的制服上繡了那個名字。

　　打打鬧鬧中，這個男孩子看了我一眼，從頭到腳掃了一遍，笑嘻嘻對朋友說：「這一定是妳鄉下的同學吧，穿拖鞋就到台北來了！」

　　朋友看著我的腳，笑著說：「對呀，鄉下人都穿拖鞋呀。」

　　我像是被雷擊中似的，接下來她就沒有再看我了。

十幾歲的時候，這樣難堪的事情足以讓人當面絕交。不過我沒有立刻發脾氣，沒有反駁，也不能轉身走開，因為我完全不認得路，還得靠朋友帶我回出差宿舍。

　　回去的公車上我們很安靜，沒有說什麼。我有點明白朋友的心情，情勢所迫，當著我的面說出那種話來，我想她感受的羞辱恐怕不亞於我，我的羞辱是立即而明顯的，她的則是轉了一折，因為罪惡感。

　　即使如此，我還是沒辦法若無其事地說話，兩個人當時都沒辦法超越那種恥辱感。我不知道她當時是氣著我還是氣她自己，或是氣那個男孩子，我自己則是氣著一切。

　　我一直低頭盯著那雙綠色的橡皮拖鞋，走了一天，

我的腳趾都髒了。朋友的白皮鞋其實也很髒。

那天晚上媽媽問我去了哪些地方玩，我說我都不知道，媽媽看見那雙壞了的涼鞋和髒了的綠拖鞋，很訝異說：「妳就穿這出去嗎？」

「沒什麼大不了的，才一天。」我在床上躺成大字型，不在乎地說。

雖然我平常粗枝大葉的，但此時媽媽看透了我，想了一會兒，說：「走吧，現在去給你買一雙鞋。以後不要穿拖鞋出去。」

買的是球鞋，似乎是愛迪達。

沒有穿鞋子的時候，似乎比較容易感受到他人的惡意，彷彿處在沒有防備的狀態，赤裸裸的，然後世界就展露了它的真實。

# 寧為鞋癡

鞋子有種魔力：

它讓你瞬間變得美麗或性感，優雅或活力十足。

五年前我搬進現在住的這間公寓。

前任屋主是我朋友的朋友；是那種普通男人，運動型的傢伙，超熱衷DIY。他帶我參觀房子，很得意自己把一面牆的內凹處改造成有分層架子的大壁櫥，用來放厚的套頭毛衣（這傢伙完全不是西裝筆挺那一型的）。

我眼睛一亮，高興地幾乎尖叫出來說：太棒了！正好可以擺我的鞋！

他吃驚地看著我說：「你到底有幾雙鞋啊？我有四雙：兩雙冬天的，兩雙夏天的。」

這再次證明了一個事實：女人和男人在很多方面千差萬別；若要說到鞋子，那更是一道鴻溝。

根據統計，每個人一生平均要走三千公里的路；所以鞋子對男人和女人都很必要，但唯有女人愛鞋成癮。

女性雜誌教我們用鞋子釣金龜婿、讓舊情人回心轉意、或順利得到理想的工作。一雙好看的鞋有可能貴得嚇人，不過你也知道，錢本身不能帶給你幸福（而且哲學家說，幸福轉瞬即逝），可是一雙新鞋卻能給你一種非常、非常幸福的感覺。

這道理何在，不是那麼容易說明白。也許是因為和其他東西（譬如衣服）相較之下，鞋子占盡優勢；因為

我們女人不管高矮胖瘦，不論美醜，都可以買自己想要的鞋。

鞋子有種魔力：它讓你瞬間變得美麗或性感，優雅或活力十足。雖然它們碰觸地面（不見得乾淨）、磨蹭著出汗的腳，但它們可是藝術品——起碼是高尚的工藝品——像珠寶一樣可貴。不同的是，鞋子不像鑽石那麼昂貴，是很棒的「女性閨中密友」。沒錯，這就是了：鞋子是我們最好的朋友。

在我繼續下去之前，先要說的是，我不打算在這本書裡說盡有關鞋子的事實和道理，因為這是不可能的。法國導演楚浮（**François Truffaut**）說，所有看電影的人都身兼二職；一個是他們的本行，另一個是影評人。按照這個說法，所有女人都是鞋子專家。

她們向來是行家，近十年來她們更是時尚達人，原因很多。

　　超級名牌愈來愈把生產主力轉向配件飾品，生產鞋子、包包、眼鏡和化妝品以擴大品牌市場。而這些商品比起洋裝、套裝、大衣等等，在價格上是平易近人多了。

　　長久以來，迷戀華麗的精品鞋是「那些女生」的專利——以噴射機代步的各國貴婦——女藝人、名媛、富家女；這群天之驕女因為她們身上的飾品配件而與眾不同。愛馬仕（**Hermès**）、古馳（**Gucci**）、**Caovilla**、**Ferragamo**、**Blahnik**，像她們身上的刺青似的。她們想買什麼名牌，直接在精品店的嬌客名單上登記就行了。

　　然而，隨著高級名牌行銷手法翻新，原本屬於名媛

貴婦的專利開始普及化。名牌產品數量大增（或者開發一系列副牌），而收藏型買家也激增。

二〇〇一年的九一一事件引發其後兩年的全球經濟不景氣，受到波及的鞋類市場也和時尚工業的其他環節一樣遭遇困境：出口量遞減，而從中國、越南、印度進口的產品（大量製造，比較不那麼精緻）大幅增加。然而，儘管經濟不景氣來勢洶洶──也許還多虧這道冷鋒襲來──品質好的鞋子仍被認為是聰明的投資。

有一部分原因是，如果你買貴一點但耐用的東西，到頭來你還是賺到；另外，名牌鞋是人人趨之若鶩的身分表徵，叫人不買也難。買不起擺在當季專櫃的，就到暢貨中心或路邊小店買，價格便宜很多，而款式一樣新潮。

如果名牌鞋想成為真正的高級精品，或許必須走回手工訂製的老路子，就像二次大戰之前一樣。無怪乎倫敦流行起專為手巧的人開設的進修班，教你在兩天內學會製鞋（參見「普瑞斯卡與馬凱」（**Prescott & Mackay**）的網站：**www.prescottandmackay.co.uk**）。

　　坦白說，我不認為這個點子會成功。鞋子的魅力在於你和它四目相對的那一剎那：它映入你的眼簾，簇新而閃閃發亮——在某個燈光美氣氛佳的櫥窗裡，或在地攤鞋堆裡向你招手。

　　鞋子就像愛情，會激發暴力的本性。男人想都沒想過，而女人卻身經百戰的事，有時就發生在我自己身上：為了搶最後一雙豹皮、綴有蝴蝶結的七號鞋而大打出手，為最後一雙八號的冶豔金色涼鞋激烈地推拖拉

擠，甚至爲了一雙看起來平凡無奇、卻是人人夢寐以求的棕色靴子口出惡言。

我們對鞋子的情有獨鍾有段可玩味的歷史。人類打赤腳的時間很短，連在某些史前的洞窟壁畫裡，都可以看到獸皮做的鞋子。鞋子的演進和衣飾時尚的發展密不可分。所以，這本書就是我個人的「鞋理學」。當我在寫你手裡拿的這本書時，幾乎總是穿著一雙我跑步用的耐吉**Pegasus**球鞋。對我來說，穿上它就像沒穿一樣。

當我上街找靈感，瀏覽櫥窗裡的鞋子，特別是想看看女人腳上都穿些什麼時，我總是穿著一雙**Miu Miu**的黑色拉絨小牛皮靴：普通高度，鞋頭略尖，這是我在二〇〇二年冬天的戰利品之一。這些靴子教我一件事：你想找的不一定會擺在檯面上，即便在庫存齊全的店家也

一樣。你要把想找的款式鉅細靡遺地對店員描述，後頭倉庫說不定就有你朝思暮想的那一雙（我最愛的那雙鞋就是這樣買到的），只不過它——根據當時神祕的流行指令——不見得是最 in 的。

我訪問莎拉‧普洛（Sara Porro）這位為Tod's操刀、當今最頂尖的鞋款設計師時，犯了個錯誤——穿了雙舊的Hogan麂皮短靴（當時真的很冷）。這位優雅鞋履的至尊女祭司，露出嫌惡的神色，不過最後還是親切地原諒了我。

另一回造訪佛羅倫斯的Ferragamo博物館時，我腳上穿的是Dolce & Gabbana二〇〇〇年的鞋款，漆蛇皮繫絆帶的低跟鞋——因為穿慣了而非常合腳舒服——也是有點失禮。不過，在我知道會忙上一整天的情況下，

它是最好的選擇。博物館的人很好，他們沒說什麼。感

謝你們！

　　爲了慶祝我（和許多人）對鞋子愈來愈深的愛戀，

我還沒決定穿哪雙鞋。也許會去買雙新的。沒錯！想一

想，還眞需要一雙新鞋。

# 女人
## 用腳說話（用高跟鞋滔滔不絕）

鞋子訴說著我們的生命中不同時期、
甚至是一天當中不同時刻的**心情**和**渴望**。
鞋子道盡女人的一切。

　　我的母語義大利文中，斥責某人沒出息時，會說他

是 **"mezza calza"**（單隻襪子）。從沒有「單隻鞋」這

種說法。這是因為，拿鞋子來打比方時，是以部分代表

整體的舉隅法；也就是說，我們用鞋子來比喻穿上鞋子

的女人。在我這個形狀像一隻長靴、愛吹噓有世界上最

了不起的製鞋大師的國家，鞋子不可能不成雙，即使是在罵人的話裡也一樣。

有一句義大利話這麼說："**Ho il morale sotto le scarpe**"（字面意義：我的鬥志在鞋子底下。）意思是說，我的心情低落到不行，連鞋子也拖不動我。

我們也說："**Fare le scarpe a qualcuno**"（字面意義：對別人的鞋子動手動腳），意思是說，在某人背後搞鬼——特別是在職場上——而且還把對方的鞋子搶走；這正是想「往上爬」或出頭天的人常使的伎倆。

我們也說某人「不夠格幫人綁鞋帶」，這種卑微的工作留給那種身分的人去做就好。

據說在五○年代，那不勒斯有些政客會在選舉前先發給選民一隻鞋，選後再發成雙的另一隻鞋。

鞋子本來就是要成雙成對的，所以用來比喻情侶最恰當不過。好比說，被男人拋棄的女人會說：「他把我當一隻舊鞋那樣甩了。」基本上，舊鞋是不可能有什麼用處的，何況它只剩一隻。落單的一隻鞋，就像女人沒了男人，毫無價值。

　　義大利文有「用腳說話」、「用腳寫字」、「用腳做事」的說法，意思是：糟糕透頂、心不在焉、不夠努力或技巧不佳。這些字眼的負面涵義和手（高尚）與腳（低下）的差別有關，是老式的說法，認為手比較接近頭腦和心靈；而腳在底下，是不會思考的走路工具。

　　然而在英文裡，鞋子（包括穿它的腳在內）代表鞋子主人個性的基礎。英文裡有句話說：「把你的腳套進別人的鞋裡（意為將心比心）。」這句話太傳神了！想

想看，把你的腳套進別人的鞋是多麼私密的事，比穿上別人的衣服更有切身感受。

就我們女人來說尤其如此，套上別人的鞋幾乎是我們一學會走路就會做的頭幾件事情之一。當我們想知道「長大」是什麼感覺時，就把腳滑進媽媽的鞋裡，最好是高跟的。小女孩彷彿登上了臺座，一下子以為自己是個女人。那「偷來的」鞋讓我們的身高和心靈迅速成長，即便只維持短暫的片刻。

心理分析家說這是一種「投射」的儀式；對我來說它是魔幻時刻。小時候玩的妝扮遊戲都是從這裡開始的。

在大人眼中，小女孩穿高跟鞋可愛又好笑，但是對小女孩來說，這些鞋子帶著她進入充滿憧憬與夢想的世

界。胖嘟嘟的小腳在媽咪常穿的鞋子裡滑動的感覺，讓

小女孩心生幻想，以為她就快要可以去做那些「大人」

做的、而在她這個年紀還不許做的事。

佛洛伊德會說，小女孩偷穿媽媽的鞋是想要引誘爸爸，躍躍欲試要取代媽媽……

然後咧？然後我們真的長大了，穿上和媽媽同號的鞋子。當我們第一次替自己買鞋子時，母女個性的差異隨之浮現。我們長大了，用鞋子宣告自我。最棒的是，鞋子不會一成不變地界定我們。它訴說著我們的生命中不同時期、甚至是一天當中不同時刻的心情和渴望。鞋子道盡女人的一切。

女星潘妮洛普·克魯茲（**Penelope Cruz**）曾坦言：「還沒和導演選定銀幕上那個女人穿什麼鞋之前，我沒辦法去揣摩這個角色。全都得從腳開始。」

於是問題來了：當女人用腳說話時，腳替她們說了些什麼？

# 慾望高跟鞋

聰明、活躍、摩登的女子有兩大罩門：
男人和鞋子。

首先要說，女人用鞋子談性說愛。多虧有莫里斯

（**Desmond Morris**），即使你不是像他那樣的人類學家也

分得出來，穿安靜的膠底莫卡辛鞋（**moccassin**）的女

人和穿聒噪的高跟鞋的女人哪裡不一樣。不過，第一眼

的感覺不見得可靠，因為刻板印象（高跟鞋＝性愛女

神，平底鞋＝修女）常被善變的流行趨勢所顛覆。但有個原則是不變的：高跟鞋是區隔我們女人族和男人幫最顯著的特點。

舉個例子：你見過人妖穿平底鞋嗎？還有，儘管新千禧年的男人顯然是超自戀又愛賣弄風騷，我們還是沒看過他們穿高跟鞋。他們已經能接受睫毛膏、眼影，甚至可以忍受敷蠟除毛這種苦頭，但碰到穿高跟鞋這檔事就打住了，除非是參加同志變裝派對。

當然，也許他們遲早會穿的。


由貝克漢（**David Beckham**）這一類美形怪傑所引發的「都會美直男」風潮方興未艾，可能很快就會出現在你我左右。當真有那麼一天，我們也都會見怪不怪地

跟他們說「嗨」，也許到時我會出另外一本書。不過，就目前而言，叫男人穿高跟鞋？別傻了。

高跟鞋是我們女人專屬的。跟愈高，鞋頭愈尖，嗆聲「男女有別」的力道愈猛，挑釁意味更濃厚。當女人在辦公室或大街上蹬著高跟鞋喀喀喀走來走去時，她們正在下馬威：「我的比你高！」當然，她是跟和她較勁的女人放話，同時特別是要向死對頭男人喊話，或是對心動的男人放電。

從灰姑娘以來，和女人有關而受歡迎的童話都跟鞋子脫不了關係，這可不是巧合。多虧了鞋子，白馬王子才會落入圈套，管它是純潔的灰姑娘玻璃鞋（顯然象徵貞潔），或是熱門電視影集《慾望城市》（*Sex and the City*）裡女主角們穿的會吃人的都會高跟鞋。該劇場景

在西方時尚之都紐約，四個三十歲上下的單身女子述說她們在性愛、職場、血拼各方面的奇遇和倒楣事。聰明、活躍、摩登的女子有兩大罩門：男人和鞋子。

在這部現代女性電視劇中，鞋子是塑造劇中角色的重要元素。「有時候要拍特寫鏡頭，導演會跟我說，脫掉鞋子也沒關係，反正不會拍到腳，」女主角之一莎菈・潔西卡・派克（**Sarah Jessica Parker**）說：「但我不沒這麼做。穿著鞋子的女人，臉上的神情和光腳丫的女人就是不一樣。」

《慾望城市》的服裝設計師菲爾德（**Patricia Field**）深諳這個道理；她挑選出來的那些叫人愛得要死的名牌服飾和鞋子，掀起一窩蜂仿效這些時尚女教主的熱潮。

劇中出現的鞋履極品之一出自**Manolo Blahnik**，該

品牌等於是鞋子世界的法拉利（**Farrari**）。有一集的劇情是，凱莉（莎菈・潔西卡・派克飾）在小巷裡迷路，遇上搶匪，她哀求道：「要搶就搶我的皮包、戒指、手錶，拜託拜託，別搶我的**Manolo Blahnik**！」可真矛盾呀，這世界反了。也許全仗這一聲哀求，**Manolo Blahnik** 自此聲名大噪——起碼讓《慾望城市》的影迷為之瘋狂。

另一回，凱莉參加新生兒送禮會（**baby shower**）。因為是輕鬆、隨性的聚會，所以女主人請凱莉脫鞋入內。聚會結束後，凱莉找不到她的 **Manolo**；某個被它的美煞到的摩登「收藏癖」把它帶走了。

**Manolo Blahnik** 的鞋子在這個紅極一時的電視劇中大出鋒頭，讓這個品牌從少數特權階級的祕密搖身一

變，成為普羅大眾的迷思，是影迷們心目中的夢幻逸品。然而，一雙**Manolo Blahnik**起碼要價四百塊美金！

**Manolo Blahnik**甚至也在饒舌音樂裡軋上一角。**Jay-Z**寫了一首歌獻給搖滾巨星女友碧昂絲（**Beyoncé Knowles**），曲名是〈邦妮與克萊德〉（**Bonnie & Clyde**）。**Jay-Z**在歌詞裡承諾碧昂絲，他會深愛她、敬重她，此情此意，有一只愛馬仕柏金包（**Birkin bag**）、一台賓士、和一雙**Manolo Blahnik**為證。

這個品牌背後的操刀人布拉尼克（**Manolo Blahnik**），一九四三年出生於西班牙加納利群島，學藝術和建築出身。七〇年代早期，布拉尼克移居紐約，結識了《時尚》雜誌（*Vogue*）傳奇編輯馥蘭（**Diana Vreeland**）；對方鼓勵他走鞋履設計的路。布拉尼克的

第一批粉絲是當時艷光四射的歐洲女伶，包括貝瑞森（**Marisa Berenson**）、珍柏金（**Jane Birkin**）和蘭普琳（**Charlotte Rampling**）。到了今天，布拉尼克設計的鞋子在奢華的精品店、好萊塢女星凱特・摩絲（**Kate Moss**）和珍妮佛・安妮絲頓（**Jennifer Aniston**）的腳下，以及設計博物館裡都看得到。

布拉尼克對他的死忠鞋迷以及所有鞋痴的傻勁有個說法：「女人喜歡改頭換面，鞋子是最簡單又快速的一種方法，而且比珠寶和名牌服飾便宜得多。」

另一個以性感鞋款見長、最近幾年躍上時尚浪頭的品牌是**Jimmy Choo**。這個牌子熱門的程度，據說英國賓果俱樂部裡，大家開口閉口都是**Jimmy Choo**而不是**32**號牌。該品牌粉絲包括女星哈莉・貝瑞（**Halle**

Berry）、凱薩琳‧麗塔瓊斯（**Catherine Zeta-Jones**）。

**Jimmy Choo**的品牌所有者梅隆（**Tamara Mellon**）曾經說過：「近幾年配件銷售會有如此佳績並不難理解。人們穿著風格愈來愈走向拼接與混搭，也愈來愈隨性休閒。所以只剩下包包和鞋子——尤其是鞋子——能給外貌增添一點性感韻味。」

　　**Sergio Rossi**是以性感鞋款取勝的義大利品牌之一（且據其鞋迷表示，穿起來相當舒適），隸屬於古馳（**Gucci**）旗下。**René Fernando Caovilla**是義大利頂尖製鞋工匠之一，擅長製作奢華鞋款。他做的鞋總是鞋跟極高，綴飾得瑰麗炫目，而且非常、非常性感。他把話說在前頭：「我不做每天上班穿的鞋；我的鞋是某種特殊物品，用來讚嘆女性的美。」它們妖嬈撩人：穿上是為

了在閨房門口脫下。的確，這種華麗的鑽孔錐般的細高跟就是戀鞋癖者的幻想所在，如同無數的情色網站和戀足癖網站所透露的。

　　佛洛伊德說，腳是性感帶，分布著極敏感的神經末稍；他也說，戀物癖並不像某種性變態那般，只能由人以外的物品得到快感。戀物癖是一種偏執的幻想，有時候是性慾未成熟的一種徵兆。奧地利以諷刺文風著名的作家克勞斯（**Karl Kraus**）曾寫道：「在這個世界上，沒有人比戀鞋癖者更不快樂的了：他渴望的是女人的鞋，卻得跟那個女人打交道。」其他時候，戀鞋癖不過是某種無害的誘惑遊戲罷了。在這種遊戲裡，男人看，女人演，每次她踩著高跟鞋遊走，都讓自己受著甜蜜的折磨。

# 尖頭鞋人生

尖頭鞋有種**致命**的吸引力，像**禁忌**的遊戲。

　　也許你聽信人家說，所有的女人都討厭尖頭鞋。如果這種說法屬實，就很難解釋像匕首一樣銳利、楦頭超尖的鞋為何會熱翻天。一般說來，尖頭鞋會讓腳看起來更修長纖細。可惜呀，它沒辦法叫人不瞥見其上的缺陷：橄欖球員般的蘿蔔腿，或不怎麼細的腳踝。事實

上，尖形的鞋頭只會暴露出腳的不完美，不像圓頭或方頭鞋可以掩飾缺點。可是啊……

尖頭鞋有種致命的吸引力，像禁忌的遊戲。這並非偶然。尖頭鞋的老祖宗是十五世紀中期在法國風靡一時的「長矛鞋」（**Poulaine**）；這種布製的鞋子，楦頭非常尖，有的還長達三吋，通常會包覆上一層小馬皮以撐出鞋型。一四六八年，教皇以這款鞋恐掀起粗鄙的浮華風氣為由，下詔禁止。

顯然，從那時到現在，人心的喜好沒有太大改變：近年來，尖頭鞋一直是必備的流行元素。

穿這種鞋的人感覺自己比別人占有更多空間，更威武有力。十幾歲的女孩從踩上尖頭鞋的那一刻起，揮別童稚的少女時代，從此和球鞋輪流穿。公司開會時和男性平起平坐的唯一女性，用她的尖頭鞋對著穿舊式綁帶鞋的女同事們來個假想的職場迴旋踢。她撂話：「老娘來了！這雙鞋會踢得你落花流水。還不快讓開，不然我可要用它替我開路！」

人類學家莫里斯曾把穿尖頭鞋和擠壓新生兒頭蓋骨——最殘忍的身體塑形之一——相提並論。

　　這種整型整到頭顱上的野蠻行徑，在非洲、北美、南美和北歐、南歐的某些原始文化裡都出現過。接受過頭部塑形的人都出身豪門：頭尖尖的就不能拿來頂東西，而是用來做貴族式花腦力、不花勞力的活動。直到兩世紀之前，仍有醫生宣稱頭形和智力之間大有關係。

　　同樣地，在古代的中國，名門望族的女人盛行纏足：愈不方便走路便愈顯尊貴；愈讓人久候，便愈有地位。

　　所以，尖頭鞋說穿了就是一種記號，代表我們這種頭腦靈光、不靠勞力吃飯、而且注定要叱吒風雲的女人。

# 曲線玲瓏，
# 路易鞋跟

路易鞋跟懷舊復古，是**細跟**和**粗跟**的完美揉合。

「我不知道是誰發明了高跟鞋，不過所有人都應該

感謝他。」

　　瑪麗蓮·夢露這位腳踩高跟鞋、搖擺婀娜風情的終

極性感尤物如是說。

　　然而鞋跟不是只有高低之別；其形狀各異其趣，有

時更精雕細琢。以聖羅蘭（**Yves Saint-Laurent**）的新款涼鞋為例，鞋跟是透明的樹脂玻璃，鑲上金色和各種顏色的圖樣及珠光亮片，彷彿迷你水族箱。唉呀，老套，早在一九七三年就出現過珀斯佩有機玻璃（**Perspex**）做成的鞋跟和厚底鞋。

鞋跟的革新是從凡爾賽宮開始的。路易十四太陽王個頭很矮，有必要撐高一點。以他的個性，一般的鞋跟滿足不了他的胃口，於是他下令工匠把鞋跟雕刻成著名戰役或田園風光的迷你模型。

現代的鞋跟之王非**Roger Vivier**莫屬；這位在三○年代晚期出道的法國設計師，一九五三年以來先後在迪奧（**Christian Dior**）和其他重要的女裝設計師手下工作過。

形狀特殊的鞋跟是**Vivier**的商標，有的款式綴飾得像足下的珍貴珠寶。瑪琳・黛德麗（**Marlene Dietrich**）、伊莉莎白女皇（她婚禮當天就是穿**Vivier**設計的鞋）、二〇年代紅遍巴黎的美國女歌手約瑟芬・貝克（**Josephine Baker**）、影星凱薩琳・丹妮芙（**Catherine Deneuve**）等人的足下風情都是他一手打理的。**Vivier**為丹妮芙設計了一款由聖羅蘭出品的鞋，在布紐爾（**Luis Buñel**）的電影《青樓怨婦》（**Belle de Jour**）裡一砲而紅：那雙鞋有點像莫卡辛鞋，又有點像芭蕾鞋；鞋面前端有方形金屬釦環。

　　**Vivier**在六〇年代初期最有名的一款設計是形狀有如玫瑰荊刺的鞋跟，堪稱巧奪天工的迷你雕塑。今天，**Vivier**品牌由**Diego Della Valle**接掌並重新出發。新的

Vivier鞋跟由布魯諾・弗利索尼（**Bruno Frisoni**）設計；他從創始大師的作品中汲取靈感，再添加當代元素。比方說，二〇〇四年初推出的新系列「神經質女郎」（**Madame Psy**），樣式和《青樓怨婦》那款鞋類似，但添加了大量的彩色珠片，幽默地向抗憂鬱藥物致意。

　　簡單地說，它是雙概念鞋，鼓吹神經質的女人拋棄百憂解，換上新鞋。

　　**Roger Vivier**玩得最凶的一種造型是上下寬、中間窄的路易鞋跟（**louis heel**），這種鞋跟有段歷史。它最早出現於十八世紀、法王路易十五的年代，之後沉寂多時，直到十九世紀末、二十世紀初才再度躍上舞台。紅磨坊康康舞孃穿的就是繫鞋帶的路易跟短統靴。

　　一次大戰前夕，探戈風靡一時，淑女們喜歡穿上這

種嫵媚誘人、曲線玲瓏的鞋跟翩翩起舞。

路易鞋跟儘管起起落落，卻從未眞的消失過——即使它好一段時間以來也不曾大紅大紫。

有些女人很愛路易鞋跟。理由有二：一個很實際，另一個則不然。一是，一般說來路易鞋跟都不會高到哪裡去，但由於它曲線優美，所以給鞋子增添了嫵媚的女人味。其二，它表現某種性格。它懷舊復古，是細跟（五〇年代的嬌柔）和粗跟（六〇年代末、七〇年代初的女性解放）的完美揉合，而且充分表達了穿者的個性：「本姑娘有創意又獨立，而且對美麗的事物有獨到眼光。」

當路易迷走進鞋店，店員問道：「您想找什麼款式？」她一定會說：「我想找點不一樣的。」路易迷有

滿抽屜的詩作，會畫水彩畫，彈吉他，或這些項目全都

拿手。她想像力豐富、潛意識活躍，善於體察人際關係

之間的幽微細膩。而且，她實在搞不懂，怎麼有人會那

麼愚蠢，竟把流行元素照單全收；或更糟的，竟敢完全

跟不上流行。

# 和**踝扣帶**
## 一樣短的自尊

踝扣帶讓**瘦巴巴**的腳沒地方躲，讓**圓呼呼**的腿更加肥嘟嘟。
踝扣甚至會讓身上的裙子相形之下醜不拉幾。

有踝扣帶的鞋之於鞋子的世界，等於是納博科夫

（**Vladimir Nabokov**）的羅麗塔（**Lolita**）之於男人的幻

想：表面上看似純真無邪，骨子裡卻是壞胚子。這種鞋

的基本款（扣帶落在腳背上，楦頭不是圓的就是方的）

就是所謂的「瑪麗珍」（**Mary Jane**）。這個名字是從一

款童鞋來的，而這款童鞋的設計靈感來自九〇年代初很受歡迎的連環漫畫人物布朗（**Buster Brown**）（瑪麗珍是主角的妹妹）。穿這款鞋最有名的也是位女明星，不過年紀很輕——童星雪莉·譚波（**Shirley Temple**）。

從那時到現在，瑪麗珍改變很大。有些款式看起來還真像童鞋（又叫娃娃鞋）；有些則是中等高度的鞋跟，往往是路易跟造型，令人懷念起二〇年代的舞鞋。也有寬底的，楦頭作成大大的麵包形，像**Camper**品牌的造型。近來還有搞笑版——來自鬼才設計師馬克·雅各（**Marc Jacobs**）的創意，他把瑪麗珍童趣稚氣的特色加以誇大，做得和漫畫裡的鞋子一個樣兒。不過，這不是重點。重點是，瑪麗珍是要有踝扣的。而踝扣帶呢，有時也出現在極高跟的鞋子、鑽孔錐般的細高跟露

趾鞋，或是摩登版的芭蕾鞋上，是強烈的特色。它可以毀了最美的一雙腿或腳踝。它讓瘦巴巴的腳沒地方躲，讓圓呼呼的腿更加肥嘟嘟。踝扣甚至會讓身上的裙子相形之下醜不拉幾──我說裙子是因為，當然啦你還是可以穿踝扣鞋搭配長褲，只要你不怕顯得愚蠢而魯莽。

也就是說，穿踝扣鞋需要搭配高度自尊心。它是給對自己超有自信、相信自己的尊嚴與腳下的鞋無關的女人穿的。所以，這種女人是天生的稀有動物，是女人世界裡神勇的熊貓。

再細究下去，「該死的東西怎麼搞的」這種麻煩就出現了。鞋扣老是鬆脫，鉤上鞋扣的孔老是位置不對，所以得另外打一個孔。沒過多久，你發現踝扣帶鬆掉了。這還沒完呢，經典的瑪麗珍踝扣甚至是沒有扣環

的，而是一顆包了一層滑溜溜漆皮的鈕釦。這種邪惡的發明只會讓你摳斷指甲、咒罵連連。所以，瑪麗珍不但特別容易報銷，還常常因為踝扣帶斷了（沒有人會想拿去修），而比其他鞋子更早進垃圾箱。懂了吧，這就是瑪麗珍陰險的地方，像羅麗塔一樣。

# 關於涼鞋
## 的風涼話

一般鞋款的主要功能是把腳包起來，
涼鞋卻要把腳亮出來：它根本就是鞋子世界裡的**比基尼**。

　　想在腳上穿點什麼的念頭一閃過，涼鞋就出現了。

　　所有原住民都穿這種鞋。沒有一個古老文明沒想過

要發明涼鞋的，從非洲到印度，從中國到地中海沿岸，

我們的祖先都穿涼鞋，讓腳有點露又不會太露。

　　以人類學的眼光來看，涼鞋是智人演化到穿高跟鞋

的女人以前,失落的達爾文式的那一環。

　　古人常穿的夾趾涼鞋,我們也愛得很。今天都會裡到處可見的奢華版夾腳鞋其來有自,譬如日本女孩參加成年禮所穿的木屐就是其一。惹是生非的涼鞋也被《聖經》點名:赫洛夫尼斯(**Holofernes**)被茱蒂絲(**Judith**)砍下頭之前,被她迷得神魂顛倒之際,還稱讚她穿的繫帶涼鞋很漂亮。可憐的赫洛夫尼斯——戀鞋癖的先人之一——下場好慘。

　　在古代,涼鞋是最沒有階級之分的鞋款。奴隸、格鬥士、宮殿裡的貴族、侍妾,全都穿涼鞋,從羅馬到波斯都是如此,差別只在於材質。建造金字塔的石匠穿紙莎草和麥管混編的涼鞋,而埃及豔后、古羅馬皇后美莎莉娜(**Messalina**)、阿格麗品娜(**Agrippina**,羅馬皇帝

奧古斯都的孫女）那個階級的人穿的是純金打造、鑲上寶石的涼鞋。不信基督教的古代希臘羅馬人相當欣賞涼鞋；所以有阿佛洛黛忒（**Aphrodite**）❶只穿一雙狐媚的夾腳鞋的裸身雕像，也有米涅娃（**Minerva**）❷穿著典雅的男式涼鞋搭配女戰神盔甲的雕像。

不用說你也知道，基督教和中世紀迅速地摧毀極度裸露的涼鞋；幾個世紀以來，至少在西方世界，這些有情色意味的涼鞋消聲匿跡。然而隨著文明愈進化，人們愈來愈不認為光腳丫有窮困或粗野的意味，或是有什麼「未開化」的氣息。

涼鞋重新走紅是最近的事，它的復出可謂氣勢驚人。涼鞋在二十世紀被重新發掘，是扣著度假的概念而來，時值富家女終於可以半裸著腳秀出珠圓玉潤雙足的

奢華年代。涼鞋界最鬼才的設計師佩魯齊納（**André Perugina**），是十九世紀末出生於尼斯的義大利裔法國佬，到了二十世紀末，深受法國女裝設計師普瓦雷（**Paul Poiret**）所信賴。佩魯齊納從蔚藍海岸風和日麗的天氣，和度假女性的必需品擷取靈感，掀起了一股夏日涼鞋的熱潮。他的頭號顧客群，是那些頗受爭議的女藝人和秀場舞孃，包括巴黎豔星蜜絲婷蓋特（**Mistinguett**）、和約瑟芬・貝克。

到了四、五○年代，涼鞋在設計上收斂了點，沒露那麼多，鞋面前緣包覆起來，只留個小開口給趾頭透透氣，像給偷窺狂開個小孔似的。只是，這樣的收斂撐不了多久。女星莎莉・溫特斯（**Shelley Winters**）曾透露，她過去常和瑪麗蓮・夢露從製片廠化妝間的衣櫃偷

鞋。她們最得意的戰利品是一雙精緻涼鞋，有踝扣帶、高跟、鞋面前端繫了個大蝴蝶結。兩個偷兒還給它取了個名字，叫「操我吧一鞋」！

時至今日，腳要完全露光光也沒人管你，涼鞋款式就和冬季鞋款一樣變化多端；有高跟的也有平底的、有五顏六色的也有透明的、有絆帶或沒有絆帶的、白天穿或晚上穿、都會風或休閒風的。著名設計師菲斯特（**Andrea Pfister**）設計了杜維勒涼鞋（**Deauville sandal**），鞋面是網織的，這個造型後來出現各種材質、顏色的仿製品。

每年夏天，性感鞋款專家推出的涼鞋琳瑯滿目，其中一款鐵定叫莎莉‧溫特斯愛死了的，是蔻薇拉（**René Caovilla**）設計的「蛇蠍」（**Serpente**）：沒有鞋

面，腳踝完全裸露，鞋跟極高，沒有踝扣帶，只有一條水晶串環圍繞腳踝一圈。神奇的是，這種鞋真的可以穿著走——至少，就有人辦得到。

近來的涼鞋熱，使「操我吧—鞋」翻紅；很不幸地，也讓最舒服（必須承認）但也是人類史上最醜的涼鞋之一——勃肯鞋（**Birkenstocks**）——大行其道。這種平底寬頭的涼鞋直到近來才讓人聯想到德國觀光客。勃肯鞋早於一九六七年在德國問世，一年之後，在流行時尚的怪誕奇想作祟下，搖身變成舊金山生氣蓬勃的大學校園裡人腳一雙的鞋款。它在嬉皮、垮掉的一代、高喊「權力歸花兒」的年輕人之間發燒發熱，成為一種象徵，用來訴求中性概念（當時是很前衛的想法）和思想自由——頭和腳皆然。從女人的角度而言，勃肯鞋喊出

她們的心聲：我們大學女生不想被物化。所以（我們今天可以大聲說了），當胸罩快被燒光光，兩性之間的界線愈來愈模糊，美感品味也快被打敗了。

在我的國家義大利，勃肯鞋沒人看得上眼絕不是偶然。每到夏天，眼見充滿文化寶藏的城市湧進大批外國人、踩著勃肯鞋趴趴走，實在是難看死了。舉目所見是登峰造極之美（喬托的鐘樓：拉斐爾的聖母像），低頭卻看到勃肯鞋加白短襪。天哪，置身在比例色彩完美無比的藝術殿堂裡，這些人怎不會對自己的腳自慚形穢？

到了今天，好吧，我不得不承認勃肯鞋贏了。不只是它在美感上有了長進，而且連時髦的設計師——如馬克‧雅各等人——還以它為樣本加以模仿創新。九○年代推出個人品牌 **"Wannabe"** 中性鞋款的英國設計師派

屈克・寇克斯（**Patrick Cox**）對勃肯鞋下了一番註腳：「舒適又具現代感，依然新潮的經典。」好吧，如果他真的這樣說！

幸好，歷史──包括鞋履史在內──總是潮起潮落，我們只能祈禱這波秀斗的狂熱趕快過去。

等待解脫期間，還有另一波危險的浪潮暗濤洶湧：和古希臘羅馬一脈相承的涼鞋款式捲土重來，這是託電影《神鬼戰士》（*Gladiator*）和《特洛伊──木馬屠城》（*Troy*）的福。這種玩意兒難搞定得很。它讓腳裸露地極其不雅，再說，那種膝蓋以下纏綁細帶的款式，需要一雙美腿好好配合。

不過，就算涼鞋現在作風沒那麼大膽、也更討人歡心，它還是既漂亮又刁鑽，有時候根本拿它沒辦法。其

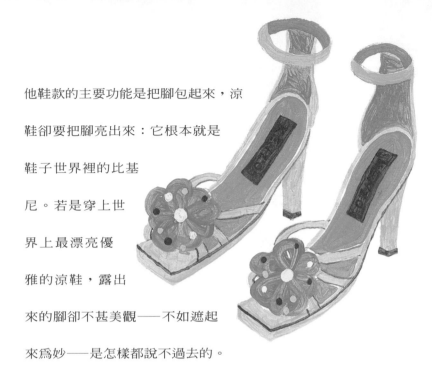

他鞋款的主要功能是把腳包起來，涼鞋卻要把腳亮出來：它根本就是鞋子世界裡的比基尼。若是穿上世界上最漂亮優雅的涼鞋，露出來的腳卻不甚美觀──不如遮起來為妙──是怎樣都說不過去的。

　　所以每到夏天，連平常不愛做美足保養的女人，也不得不乖乖定期修指甲，搽上指甲油。涼鞋帶來的感官解放值得你花這些功夫，也值得咬牙捱過晾乾趾甲油這段時間的無聊。記得：顏色愈是濃烈鮮豔，晾乾的時間愈久。所以別忘了多騰出一些時間。或者像我一個朋友

教我的：她是個相當老練、有計畫的女生，不管是艷陽

高照或是下雪天，袋子裡永遠擺一雙夾腳鞋。她把車停

在美體護膚中心門前，辦完事離開時，開足車內暖氣，

邊烘乾趾甲油邊開車回家。

❶阿佛洛黛忒（Aphrodite）：希臘女神，掌管愛與美。
❷米涅娃（Minerva）：羅馬女神，掌管智慧、工藝與發明。

# 恨天高

厚底鞋總讓人覺得**難為情**，
也許是因為它在威尼斯娼妓圈走紅的出身有些難堪。

《哈姆雷特》（**_Hamlet_**）第三幕，王子對可憐的奧

菲麗雅大發脾氣，說她愛慕虛榮。

他怒喝：「我也知道你們是怎麼塗脂抹粉的，再清

楚不過：上帝給你們一張臉，你們又給自己另造一張。

voi saltellate e molleggiate……你們走起路來蹦蹦跳跳、

悠哉遊哉……嬉鬧放蕩假託不懂事。」

根據莎士比亞專家和英國時尚史學家的說法，**"voi saltellate e molleggiate"** 指的不是別的，正是「厚底鞋」（**chopines**），當時流行的踩高蹺似的鞋子。與其說它是鞋子，倒不如說它是個臺座，有時甚至高達十二吋，淑女們要穿上它時，得由兩位侍女在兩旁攙扶。

厚底鞋最早在威尼斯流行，起初風行於娼妓之間，後來一路蔓延到有身分地位的女人腳下。根據某些史料，這種鞋子源自土耳其，厚厚的鞋底是為了給洗土耳其浴的人墊高腳部、保持乾爽用的。另有史料顯示，厚底鞋是從盛產軟木的西班牙來的；軟木這種輕盈的材質最適合拿來做這種鞋。

不管厚底鞋是怎麼來的、從哪裡來的，它當時紅遍全歐洲，連英國女皇伊莉莎白一世也為之傾倒。這樣說來，哈姆雷特的炮火也掃射到女皇；因為她有一大堆這種鞋。

　　厚底鞋迅速爆紅，卻也快速殞落。到了十七世紀初，女人們已經從高台上退下，從此腳踏實地。

　　直到二次大戰前夕，**Salvatore Ferragamo**才又設計出一款用軟木做底的厚底鞋。軟木很廉價，在時局難難的當時很容易取得。

Ferragamo 把這款鞋的原型拿給他的一位客戶，莫德羅內公爵夫人（**Duchess Visconti di Modrone**）看，這位貴婦吃驚地嫌惡道：「這鞋子真難看！你到底在搞什麼？」**Ferragamo**回答：「公爵夫人，請你幫我一個小忙。拜託你明天穿它上教堂，只要有一個人讚美它，我就免費為你做一雙鞋，隨你想要什麼款式都行。」

那個禮拜天的教堂裡，所有佛羅倫斯貴婦的目光所及和話題焦點，全圍繞在公爵夫人的鞋子上打轉。其後，整個四〇年代都是厚底鞋的天下。它們好穿又實惠，造型新穎。

**Ferragamo**以及其他相繼跟進的設計師，陸續發展出不同造型的厚底鞋，各自發揮巧思點綴它。厚底的概

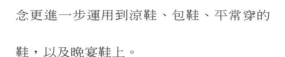

念更進一步運用到涼鞋、包鞋、平常穿的鞋，以及晚宴鞋上。

　　隨著二次大戰結束，厚底鞋跟著下台一鞠躬。沒辦法，一看到它就讓人想起獨裁政權興風作浪的戰時歲月。女人們很快移情別戀，著了魔地愛上鑽孔錐般的細高跟——該鞋款在迪奧掀起的時尚新風貌中大放異彩。

　　厚底鞋僅僅在七〇年代早期，華麗搖滾（**glam rock**）的耀眼光芒裡再度成為鎂光燈焦點。非男非女的雙性裝

扮、奢靡無度、俗麗炫目是彼時樂壇的風格。只見照片裡的艾爾頓強（Elton John）、大衛・鮑伊（David Bowie）、 T-Rex樂團的馬克・波倫（Marc Bolan）都穿著鞋底高得令人咋舌（高達九吋）、色彩繽紛的鞋子和靴子。街頭也追隨他們的腳步掀起厚底鞋旋風。當時最上道的打扮，是緊身夾克配上緊裹著下半身和下體的喇叭褲，再套上厚底鞋。那是狂放炫麗的年代，極盡誇張之能事而到了頹廢墮落的地步，說來是十年前掀起的「搖擺倫敦」風潮迴光返照的火花。到了一九七七年，舞林高手、工人湯尼・馬內羅（Tony Manero）（電影《週末狂熱》裡，約翰・屈伏塔飾演的角色）的厚底鞋就硬生生少了好幾公分。

從那時候起，男人的厚底鞋差不多消失了：只在人

妖秀裡苟延殘喘，變成反串女人用的誇張舞台道具。

　　而在女性時尚裡，厚底鞋來來去去，起起伏伏。「辣妹合唱團」（**Spice Girls**）再次掀起厚底鞋風潮，使它短暫地發燒了幾季。時至今日，它們偶爾竄紅，不過，這種鞋子總讓人覺得難為情，也許是因為它在威尼斯娼妓圈走紅的出身太有些難堪。所以，喜歡它的人喜歡得要命，討厭它的人討厭得厲害。

　　想要看起來高一點、卻又不喜歡傳統窄跟鞋的女人，對厚底鞋很有好感。品味怪異的人偶爾也會看上它；因為，如果設計得當，厚底鞋可以把腳改造成精雕細琢的臺座。

　　不過也有一群女人嫌棄厚底鞋至極。她們認為厚底鞋粗魯、愛現又低俗。如果我們不明究理地看不起厚底

鞋的話，我們就是和哈姆雷特這樣一個充滿詩情的衛道份子同一鼻孔出氣。他是個討厭鬼，沒資格對流行時尚發表意見。

因為，厚底鞋——尤其是四〇年代「正港」的厚底鞋——只要服裝搭配得宜，是可以穿出典雅的。舉例來說，厚底鞋搭配及膝的絲質花洋裝就相當出色，但是配上窄裙就很糟糕。若是配迷你裙、直統褲，或七分褲（糟透了！）那根本是犯了大忌。如果穿厚底涼鞋搭上質料細緻的長褲，讓褲腳摺邊正好落到鞋面，勢必美到不行。我曾經看過女星莫妮卡·貝魯奇（**Monica Bellucci**）這樣穿——沒見過厚底鞋可以如此搶盡風頭！

# 全球化與拖鞋危機

現代拖鞋是喧鬧的**民族大雜燴**，
就像我們所居住的世界一樣。

穿上晚宴鞋或細跟涼鞋，我們都可以變得美美的。

不過，穿上拖鞋還能顯得優雅迷人，難度可就高多了。

單單想到「拖鞋」這個字眼，就讓人覺得沒救了。

不過回頭想想，在遙遠的從前，拖鞋一度是奢侈

品，甚至是身分地位的象徵：親吻教皇、主教、紅衣主

教的拖鞋是無上的光榮！可是今天，拖鞋讓我們聯想到的，卻是一個人懶洋洋，除了猛按電視遙控器之外，對什麼事都提不起勁兒的死樣子（「沙發馬鈴薯」不管腳上穿的是其他什麼怪東西，也都是這副德行）。

這就是為什麼今天的拖鞋，看穿的人品味如何，可以歸類為「恐怖博物館裡的收藏品」，或是最好的情況──有異國情調的紀念品。

所以，如果你想多了解隔壁那些神祕兮兮的鄰居，就趁晚餐時間去敲他們家大門，故作平常地借點鹽巴。你會嚇他們一大跳，然後趁著他們疏於防範之際，偷瞄他們腳上穿什麼鞋，馬上就明白他們是哪種人！

有些惹人厭的女娃的爸爸，為了取悅他的小甜心，常常在屋裡穿一雙軟綿綿的唐老鴨拖鞋走來走去。有些

愛玩電玩、被寵壞的小男生的媽媽們，喜歡左腳穿「鋼牙」（**Chip**奇奇），右腳穿「大鼻」（**Dale**蒂蒂），逗自己開心。也有那些五十多歲的人，老愛在人前吹噓到亞洲旅行的見聞，但只有在深夜，大衛‧萊特曼（**Dave Lettermann**）的電視脫口秀開始了，他才敢穿上那雙一九八五年夏天帶回來，羊皮革的腥騷味至今絲毫不減、鞋頭又尖又長的摩洛哥拖鞋。

在那些你無從想像的屋子裡，晚餐時間上演了一場拖鞋的狂歡會：足以媲美土耳其王公大臣穿的精緻拖鞋（「在伊斯坦堡市集弄到的，不花一毛錢！」）、中國繡花絲質拖鞋、還有緬甸來的夢幻紅天鵝絨夾腳鞋也上場了；所有在家穿實在是暴殄天物，而穿出去真的會嚇死人的美麗物品一一現形。

總之，現代拖鞋是喧鬧的民族大雜燴，就像我們所居住的世界一樣。很好，我贊成，讓我們和樂融融。不過，還是有些重要的問題存在，我希望將來會有答案。

　　第一，我們的爺爺奶奶爸爸媽媽穿的那種皮質柔軟、色調深暗而沈穩的拖鞋哪裡去了？也許它們在土耳其、摩洛哥、中國和緬甸大紅特紅──而我們正穿著從那邊來的拖鞋蹦蹦跳跳。但是我很懷疑。

　　第二，「抹布鞋」到哪裡去了？這種套在鞋底下充當擦地布的布拖鞋，六○年代初在義大利很流行。在地板打蠟機還沒問世之前，所有的媽媽和家庭主婦都會要你穿抹布鞋。你在大門口就會聽到她們大呼小叫：「別弄髒我的地板。」

　　今天，抹布鞋已經消失，媽媽也不再是家庭主婦，

家裡的地板也不再像歌舞劇《冰上假期》（*Holioday on Ice*）的溜冰場一樣亮晶晶了。

　　最後一個問題，女人穿的那種鞋面有一小簇粉紅色羽毛的低跟拖鞋哪裡去了？我是說瑪麗蓮‧夢露在《七年之癢》（*The Seven Year Itch*）穿的，媚俗到不行的鞋子。

　　我曾經在維洛那（**Verona**）一家老舊蒙塵的店裡看見過僅剩的一雙，我閃過買下它的念頭，當作紀念一個失去的年代。很可惜我沒買。而那家小店也不在了，換成一家牛仔褲專賣店。

# 魔力紅鞋

紅鞋是不可思議的**法寶**，
任何巫師都比不了。

有句俗語說：「紅配黃，釣到郎。」不過，我個人

並不認為這種刺眼的配色會招來什麼艷遇。雖說如此，

紅鞋（千萬別紅配黃）頗值得大書特書。有詩為證

（呃，坦白說，不怎麼押韻）。

櫥窗裡，所有鞋子當中，
紅鞋宛如女皇。
有跟沒跟，有釦環沒釦環，
她大聲宣告自己的存在。
其他褐的紫的黑的，
太嚴肅、太正經，
紅的不同，奇特誘人，
讓女人搖身一變，風情萬種。


紅鞋給你好運氣，
帶你直奔魔幻之地。
紅鞋是不可思議的法寶，
任何巫師都比不了。


你知道的那種「萬事通小姐」揚言：
「紅鞋不流行了，早該丟掉！」

別理她，跟著感覺走，

秀出紅鞋，快意奔馳。


如果你可敬或可惡的姑媽直嚷嚷：

「這麼難搞的顏色，跟什麼都不搭。」

請平心靜氣地回答：

「我不管，就愛這樣穿。」

因為它讓你神采奕奕。

這特別的禮物，帶給你熱情和性格，

穿上它使你明艷動人，

馬上迷倒眾生。

另一個有押韻的版本：


櫥窗裡眾多鞋履之中，

紅鞋宛如皇后脫穎而出。

不管有跟沒跟，有釦沒釦，

她們宣示存在，大張旗鼓。

其他的黑色褐色或紫色，

都太可怕太晦澀。

紅色就是與眾不同，讓人興奮又驚奇，

穿上它的女人搖身變成閃亮巨星。

紅鞋給你好運道，

帶你直奔魔幻島。

紅鞋是不可思議的法寶，

任何巫師都比不了。


你知道的那種「萬事通小姐」胡扯八道：

「紅鞋不流行了，早該丟掉。」

別理她，跟著感覺走，

穿上紅鞋，展現品味和熱情。


那可敬或可惡的姑媽來訪，

「刁鑽的顏色難搭配。」她嚷嚷。

平心靜氣告訴她：

「我不管，我想買就買，到哪兒都要穿。」

穿上它我神采奕奕，

亮麗有個性，真是天賜好禮。

穿上它我妖嬈美麗，

瞬間散發擋不住的魅力。

# 與眾不同的
## 莫卡辛
### 高貴的低跟鞋

莫卡辛鞋是舒適鞋款的代表，
是給有很多事要忙的**明智女人**穿的。

　　西班牙王妃歐堤茲（**Letizia Ortiz**）——她本來是電視台主播——認識菲利浦王儲之前，從不穿有跟的鞋子；大家看到的歐堤茲都是穿莫卡辛鞋。不過，打那一天起，她的腳跟離地面從沒少於三吋半，所以她可以跟她的殿下一樣高高在上了。

莫卡辛鞋是舒適鞋款的代表，是給有很多事要忙的明智女人穿的：開車的女人、運動的女人、沒閒功夫打情罵俏的女人。而且，特別是給那些上流圈子的女性。她們來自保守的家庭，連對著高跟鞋多看幾眼都會被認爲不檢點，跟性沾上一丁點兒邊的東西更是避之唯恐不及。

還有什麼比一雙莫卡辛鞋更與眾不同的呢？莫卡辛鞋（源自阿爾岡昆語〔**Algonquin**〕，原意是一塊皮革包折而成的平底鞋）原是北美印地安人和伊奴伊特人穿的。當白人移民穿著完全不合宜的歐洲鞋來到新大陸，一見莫卡辛鞋立刻換上它。幾世紀下來，它的外觀沒有太大改變，看得出它和原始部族之間的淵源。

如今，人們的需求沒有太大不同。都會這片大草原

上到處都是摩登版的莫卡辛鞋。每一雙都跟某個舒適的概念有關。

　　現代版的莫卡辛鞋當中，**JP Tod's**——該品牌是由**Diego Della Valle**於一九七九年在義大利創立——推出一款平底鞋，鞋底鑲著豆豆般的膠粒，儼然是九○年代的標幟。該鞋款的推出讓莫卡辛鞋重新登場，從沒沒無名的東西翻紅，成為時髦玩意兒；這幾近脫胎換骨的蛻變，隨著每季推陳出新，莫卡辛鞋已然是身分地位的表徵。二○○四年夏天，**Tod's**甚至做了突破：在莫卡辛鞋加上鞋跟——不是顯露在外的普通鞋跟，像老派教師會穿的那種，而是隱藏在鞋子內部的小小底座。這個畫龍點睛的設計，使豆豆鞋不再是大多數女性不怎麼青睞的完全平底款式。

姑且不論經典豆豆鞋的新穎設計，這款鞋的忠實愛用者，都是些整天忙著接送小孩上下課──從網球課到空手道，從陶藝班到鋼琴課──的女性。她們都是不得閒的媽媽，通常開著自排的休旅車，好空出一隻手教訓車上鬧得不像話的小鬼。她們這種女人跟本不需要在腳下墊高，因為，她們身負管教子女的重責大任，哪還要高跟鞋抬高身段！

　　豆豆鞋的另一群愛好者是大約五、六十歲的女性，她們精力旺盛，總是為家裡開支著想、投資耐穿的鞋子。在她們眼裡，沒有什麼比一雙品質好的經典莫卡辛鞋更耐穿的了。她們從七○年代就開始穿這種鞋，而且買齊了各種顏色、不同皮質的款式。她們穿莫卡辛鞋和朋友共進午餐，穿莫卡辛鞋和孫子玩耍，穿莫卡辛鞋叫

女兒別老穿那些恐怖的球鞋（天曉得年輕人的眼光怎麼那麼糟！）。

這類女人只有在夏天陪丈夫到漢普敦（**Hamptons**）度假才脫掉莫卡辛鞋，換上帆船鞋。她和其他太太們一起啜著餐前酒，而丈夫則像卡亞德（**Paul Cayard**）❶一樣揚起風帆，享受週末。

冬日時節，她到山間別墅小住。在家裡招待訪客時，她翻出拖鞋式的莫卡辛：也就是比利時式莫卡辛，從芬蘭傳統鄉居鞋改良而來的。這些奇妙的鞋子是用毛氈布做的，綴有各式花樣，鞋面鑲上一塊皮面，而且它讓女主人的臉上堆滿笑容。

春秋兩季的週末住在鄉間時，她穿的是各種顏色的柔軟天鵝絨拖鞋。

多天回到城裡，這些舒適鞋款的愛好者總穿平跟船鞋（**Penny Loafers**）。她們年輕的時候，穿這種鞋時刻意在鞋面的翻褶片裡塞入硬幣，心想著藏在左邊或右邊表示有男朋友或沒有男朋友，而邊傻笑邊臉紅。後來她覓得如意郎君。然而，當一切開始變調時，她脫掉船鞋，換上有厚實鞋跟的莫卡辛鞋讓自己開心一點。唉，說來不光彩，其實，她老公跟孩子的褓母跑了。

---

❶卡亞德 (Paul Cayard）是二○○四年雅典奧運美國代表團帆船選手。

# 球鞋，
## 不只是運動鞋而已

球鞋的終極目標，就是讓穿鞋的腳像*沒穿*一樣。

膠底鞋的歷史要從古早說起。

十九世紀末，膠底鞋是闊綽的公子哥兒打槌球或
網球這種紳士運動時專用的。這種鞋款首次大量製造，
出現在一九一七年的美國，當時（現在也是）稱為帆布
鞋（**Keds**）。兩年之後，**Converse All Stars** 公司成立，

生產及踝短筒鞋，很適合玩籃網球（**netball**）這種街頭運動，而且炫得很。

這種鞋不僅舒服，而且是超舒服。原本是運動穿的，現在連整形專家也大力推薦這種可以防止腳部長繭或變形的鞋。球鞋的終極目標，就是讓穿鞋的腳像沒穿一樣。因為它不分男女、不會比實際的腳丫子還大、形狀差不多都一樣。不過，不同的品牌、顏色、細節變化，使得各款球鞋造型大異其趣。以氣墊科技著稱的耐吉（氣墊鞋），和日本設計師山本耀司這位超級時尚殺手設計的愛迪達，兩者便大相逕庭。

有些人每一季買一雙新球鞋（他們以職業運動員的說法做為絕佳藉口：球鞋穿一陣子就得汰換，因為鞋底一旦磨平了抓地力就變差，就像磨損的輪胎）；有些

人還迷上特定款式，即使那一款已經停止生產，仍不死心地四處搜括。

譬如說，球鞋迷當中還可以分出另一掛：銀色耐吉（**Nike Sliver**）迷。這種耐吉鞋採用一種反光銀色布料，冬天穿也很棒，因為它保暖、服貼又柔軟。近年來，銀色耐吉的造型更「酷」了，並且採用更高科技的材質，所以更輕盈，但也就不那麼四季皆宜，十分可惜。

不管是不是名牌或高科技，球鞋已經成為所有人休閒餘暇時的選擇；然而什麼人穿，什麼時候穿，散發出來的氣息天差地別。

所以，不管你喜不喜歡，球鞋也是戀鞋癖的最愛。

運動明星（很明顯）以及歌手、藝人（較不明顯），對球鞋的熱潮也有推波助瀾的效果。

在樂壇，尤其在嘻哈風的狂吹猛送之下，更助長了球鞋造型求新求變（沒見過饒舌歌手穿莫卡辛鞋或基督徒穿綁帶鞋吧！）。每每新款式一推出，全世界的都會年輕人馬上為之瘋狂。

事實上，演藝圈已經搭上了一股早在「平民大眾」之間方興未艾的健身熱，颳起美體旋風，進而熱中於保持魔鬼身材的各類運動。數字說明一切：五〇年代，在美國賣出的球鞋不到四千萬雙，而今天，已超過三億五千萬雙。

耐吉品牌創立於一九七二年，但直到九〇年代才

爆紅。近十年來這家公司輕易地獨霸市場，全拜尖端的傳播科技所賜。八○年代是銳跑（**Reeboks**）的天下，該品牌創立於一九八二年。打從珍芳達（**Jane Fonde**）以來，銳跑鞋是有氧運動迷的不二選擇，也是第一雙專為秀出女人的腳而打造的球鞋。葛瑞芬斯（**Melanie Griffith**）在一九八八年上映的電影《上班女郎》（***Working Girl***）裡穿的就是銳跑：她飾演一位紐約通勤上班族，總是穿著球鞋進辦公室，把它塞進包包，再換上一雙傳統淑女鞋。通勤族準備兩雙鞋應付兩個不同世界的風潮已經沒落，但還沒完全消聲匿跡。二○○四年三月，《幸運月刊》（***Lucky***）對其女性讀者作了一項調查，在「你進辦公室時會換上另一雙鞋嗎？」這一道題，有六十二‧四％的人回答不會，但也有高達三十

七‧六％的人說會。

這意思很清楚：時下的女

性相當明智，希望舒適與優雅兩者兼顧。

　　新千禧年間，安德森（**Wes Anderson**）

於二〇〇一年執導的電影《天才一族》（***The***

***Royal Tenenbaums***），表現出有別於典型

好萊塢的另類文化潮流，扭轉了我們對

運動鞋這個符碼的認知。正當耐吉企業

如日中天、市場版圖益發擴大之際，安德森

卻把聚光燈集中在三個可以說是淡出流行舞台的運動

品牌上：愛迪達（**Adidas**）、**Fila**、和鱷魚牌

（**Lacoste**）。導演和編劇為這三個品牌分別塑造了一名

代表角色。

腦筋靈光的哥哥（班・史提勒〔**Ben Stiller**〕飾演）是愛迪達狂，神經質的女詩人妹妹（葛妮絲・派特蘿〔**Gwyneth Paltrow**〕飾演）非鱷魚牌不用，而那個超級運動狂（路克・威爾森〔**Luke Wilson**〕飾演）根本是七〇年代末、八〇年代初網壇上叱吒風雲的瑞典球王柏格（**Bjorn Borg**）代言的 **Fila** 品牌形象的完美翻版。

　　《天才一族》擺明了是部超現實電影，所以本來就該異想天開。它預言耐吉前途坎坷，因為反全球化運動狠狠地衝著它來，再說消費者的心是說不準的。今天的耐吉，至少從它打的廣告看來，不斷凸顯它高科技的形象，試圖拉攏職業運動員或野心勃勃的運動人，打包票讓他們達到運動的巔峰表現。事實上，它的最新鞋款之一「氣柱跑步鞋」，強調的就是速度。

耐吉眾多竄起的對手當中，彪馬
（**Puma**）的東山再起不可小
覷：今天的彪馬和該品牌
在六〇年代推出的樣式相去
不遠，但人氣超旺，尤其深得滑板玩家喜愛。彪馬的外
形沒有猙獰的科技感，簡單俐落，很適合穿去參加派
對，而不是穿來模仿運動明星。換句話說，「超級運動
明星＋跨國公司＝標準規格」這道公式似乎不能套在彪
馬上。伊拉克戰爭期間，網路上的和平主義份子發起抵
制耐吉、支持彪馬的運動，因為彪馬很時髦，還有最重
要的，它是德國品牌──或至少源自德國──是不支持美
國布希政府的國家。

愛迪達是另一個瓦解耐吉勢力的品牌。尤其是它

的非洲蹬羚系列（**Gazelle**）（相當搶眼，絲毫沒有科技感），是巴黎、米蘭等都會時髦年輕人最哈的一款休閒鞋。

另外，亞瑟士（**Asics**）有好一段時間深藏不露，近來卻成了當紅炸子雞。它充分表現了（也許是「助長」，很難說）時下的功夫熱。知名導演昆丁‧塔倫提諾（**Quentin Tarantino**）的力作《追殺比爾》（**_Kill Bill_**）中，女主角鄔瑪舒曼（**Uma Thurmann**）就穿了一雙黃色的鬼塚虎亞瑟士（**Onitsuka Tiger Asics**）。本來是為了練太極而設計的鞋，現在是搶搶滾的發燒貨。

下一波流行風潮來襲之前，當屬它獨領風騷。

# 鞋的 政治味

**政治正確**的鞋子尚未問世，要是有人發明出這樣的鞋子來，
鐵定是下個世紀的比爾‧蓋茲。

　　鞋子有民主派和保守派之別。而一雙靴子便可挑起
「女性主義是死是活」的一番唇槍舌戰。

　　有些人認為，穿高跟鞋是解放的婦女有發聲自由最
極致的一種表現，因為，高跟鞋透露的是：我不怕自己
看起來像個傻瓜。只有跟不上時代的老派人士還唱著三

十年前婦女未解放的老調，認爲高跟鞋或性感的鞋子是一種文化奴役。

　　不過，同樣是不讓鬚眉的女人，喜好並不盡然雷同。細高跟很受企業界女強人的青睞，但不怎麼得政壇名女人的歡心。美國國家安全顧問萊斯（**Condoleeza Rice**）或希拉蕊·柯林頓（**Hillary Clinton**）以及她們遍及全世界的女性同行，皆偏好鞋跟不高不低、尖度適中的鞋款。這種鞋款既不剛硬也不會太女性化，就是我媽常說的「老師型」的鞋子。這種鞋不會搶走女人本身的風頭（畢竟，老娘在以男性爲主的精英世界裡可是占有一席之地），同時也不失爲一種溫柔的提醒：我可是女兒身呀！

　　七○年代受到左派思潮影響的女孩，冬天穿著荷蘭

木屐（真的很不舒服）啪咑啪咑大聲走，穿布面藤底便鞋（**espadrilles**）去露營。這些女生對「性感」僅有的讓步，是足蹬高跟藤底便鞋，鞋緞帶纏綁在小腿肚上隨風翻飛，讓不怎麼好看的小腿活像捆得紮實的大香腸。

八〇年代的雷根時代，世界有了變化。新的次文化風起雲湧，鞋子的新造型也層出不窮。迪斯可樂壇裡，高跟鞋（有時候是冰淇淋甜筒造型的鞋跟）、亮晶晶的銀緞、金光閃閃的飾片再度登場。年輕人學起瑪丹娜和她在電影《神祕約會》（*Desperately Seeking Susan*）裡的新造

型：馬丁大夫鞋（**Doc Marten**）

重新流行，混搭緞帶髮飾，配上十字

架項鍊。

　　在義大利，那些年出現了一種奇觀：颳

起了 **Timberlands** 狂熱。每個二十多歲的年輕人

——不想搞懂過去十年政局上的恩恩怨怨的一

代新新人類——所夢寐以求的，就是一雙

**Timberlands**。

　　和球鞋一樣中性化的美國樵夫

鞋 **Timberlands**，巧妙地把電影《夏

日尖兵》（***The Great Outdoors***）掀起的

戶外休閒風和都會流行新趨勢銜接在一

起，譬如，當時正在歐陸興起的速食連鎖店，

就是穿著 **Timberlands** 在市區晃蕩的年輕人最愛的落腳處。

今天的 **Timberlands** 又回歸休閒鞋之列，適合在天冷時作戶外活動，也不再帶有「族群」色彩。

就在這個時候，反全球化運動把速食連鎖店妖魔化，理由很多：經濟的（剝削廉價勞工）、文化的（國際標準化的「口味」）、健康和哲學的（葷食和新興的素食主義之間的對決——這和東方哲學、「新世紀」哲學思潮的流行有關）。

反全球化運動的信條之一是打倒國際品牌：其中被炮轟得灰頭土臉的，就是耐吉。論文式的《**No Logo**》作者娜歐蜜‧克萊恩（**Naomi Klein**），對耐吉頗不以為然，激進的紀錄片製作人麥可‧摩爾（**Michael Moore**）

也在電影《大頭目》（**The Big One**）裡把這個大品牌痛批一頓；這兩個人都支持九〇年代末把美國大學校園搞得人仰馬翻的示威群眾，並在大型購物中心發起靜坐抗議，鼓吹人們杯葛耐吉的產品。

九一一之後，這種激進的抗議方式幾近絕跡，至少它最叫人嘆爲觀止的做法已不復見，不過，在這一波反動的趕盡殺絕之下，有個東西大難不死，它是所有反全球化的年輕一代歐洲人的罩門：**Camper**，一個愛搞笑的西班牙品

牌（有些款式左、右腳的設計不同）。**Camper** 採用簡單的材質，有些時候還是回收再利用的環保素材，是目前高喊動物權的時髦人士最中意的鞋子：道德與美感的結合。雖說硬骨的激進份子可是什麼牌子都看不順眼。

大部分的情況是，人們總是隨遇而安，看到什麼喜歡的鞋子就買下來了。政治正確的鞋子尚未問世，要是有人發明出這樣的鞋子來，鐵定是下個世紀的比爾·蓋茲（**Bill Gates**）。

# 伊美黛症候群

只要伊美黛狂繼續**收藏**鞋子，

她就很難得到滿足。

一九八六年，菲律賓前獨裁統治者馬可仕的妻子

伊美黛，逃離菲律賓流亡到夏威夷時，腳上穿著一雙藍

色絲絨布的懶人鞋（**Mules**）。

艾奎諾夫人（**Corazón Aquino**）在馬可仕下台之後

走馬上任，她安排了一項特展，把伊美黛收藏的鞋子陳

列出來，「給所有菲律賓人看清楚，讓人民過得水深火熱的人，自己是怎麼過的。」

當外界紛紛指責伊美黛的揮霍行為時，伊美黛辯解道：「說我有三千雙鞋是不實的指控，我只有一千零七十雙而已。」

後來伊美黛還自吹自擂說，她曾看到紐約街頭一家鞋店的招牌上寫著：**「每個人內心深處都有個小伊美黛蠢蠢欲動。」**

一九九一年，伊美黛結束海外流亡回到馬尼拉，翌年參加總統大選。大選前一晚，她說：「不管輸還是贏，我明天都要去血拼。」結果她敗選。

二〇〇一年，儘管伊美黛官司纏身，她卻在馬尼拉附近以製鞋聞名的小城馬利基納（**Marikina**），成立了

一家鞋履博物館。館內展示的鞋子大半都是她自己的，是當年從總統官邸搶救出來的。當然啦，她也沒放過發表感言的機會：「他們以為會在我的櫃子裡發現一堆枯骨殘骸，結果，他們只找到美麗的東西。」

實在很難不同意她這番話。時尚專家荷莉‧布魯巴赫（**Holly Brubach**）在《時尚迷》雜誌裡寫道：「一雙新鞋彌補不了破碎的心，也治不好頭痛，不過，它一定能減輕症狀。」

收藏鞋子的癖好，持續在全世界各地、各種年紀的人身上流傳。「伊美黛狂」才不管鞋跟高低、款式如何、什麼顏色、哪種皮革，也不分是球鞋還是涼鞋；不管是專櫃剛上市的新品還是夜市地攤過時的款式；反正統統買下來就對了。今天是紅色淺口包鞋，明天是休閒

短筒靴。在善變的流行號令之下大概只會穿一次的鞋，只因為降價拍賣而搶購的鞋，還有一時衝動買下的太大或太緊的鞋。在黑色與咖啡色之間難以抉擇，乾脆兩雙都買的伊美黛狂，鞋櫃塞得滿滿，但卻老是找不出一雙合適的來搭配新衣服。所以只好再去買一雙，然後又一雙──誰曉得，搞不好那天穿得著呢！

　　只要伊美黛狂繼續收藏鞋子，就很難得到滿足。或許，只有在買下它的那個魔幻時刻、那種小小的瘋狂與放縱最讓她開心。在明亮的櫥窗前一見鍾情，店裡乾柴烈火的邂逅，然後走出店門，臉上因為滿足而泛紅。征服過後的歡愉，讓她血脈賁張，然後咧？然後，猶如激情，終究會消褪。當鞋面蒙塵，厭倦、後悔隨之而生：「還以為它就是我想要的，但都過去了……」

# 長靴，
## 美腿馬甲

全賴**時尚**和**道德**之間詭譎的拉扯，長靴所要遮掩的地方
反而擄獲了眾人目光。

　　據說啊，聖女貞德就是因為長靴而被燒死在火刑柱
上。這位法國奧爾良（Orleans）少女，讓自己在錯縱
複雜的神學爭議裡陷得太深，而且愛穿長靴；而這種鞋
款在十五世紀當時（後來很久也是）只有男人才穿。

　　男人才去釣魚、打獵，男人才四處雲遊、上戰場打

仗。所以他們──而且也只有他們──才能穿長靴，而女人被指派操持家務；她們按各地社會狀況不同、穿不同等級布料做的拖鞋。

幾世紀以來，長靴總令人聯想到海盜搶匪的裝束。從英文單字 **booty**（贓物）、**bootleg**（走私品）可見一斑。

長靴是代表力量和靈活的男性象徵，在《長靴貓》（*Puss in Boots*）這則經典童話故事裡頗受讚揚；作者查理·佩羅（**Charles Perrault**）還寫了另一個和鞋子有關的童話故事《灰姑娘》（*Cinderella*），而他本人早被我們識破有戀足癖，十分迷戀女人的柔美纖足。

所以，直到十九世紀中期，女人唯一能穿的長靴是馬靴。後來，連那些不必幹活兒、也不是女騎士的女

人，也能盡情享受穿長靴的樂趣。事實上，在「美好年代」（la Belle Epoque）❶流行的綁帶女式長靴使腿部曲線畢露，等於是鞋子版的塑身馬甲。維多利亞時期，長靴是用來遮蓋曳地裙襬下的腳踝；事實上，全賴時尚和道德之間詭譎的拉扯，長靴所要遮掩的地方反而擄獲了眾人目光。

不過，直到六〇年代，女人的長靴才大有看頭。它們在「搖擺倫敦」（Swinging London）❷年代搭上了時尚設計師瑪莉官（Mary Quant）推出的迷你裙，為那些想把自己從各種社會限制和性壓抑當中解放出來的女人，畫龍點睛地妝點其風采。

也就在那幾年，連環漫畫和電影創造了全新的虛擬尤物──性感且具未來感的女人『芭芭芮拉』

（**Barbarella**）。在羅傑‧范丁（**Roger Vadim**）一九六八年執導的同名電影裡，飾演芭芭芮拉的女星珍芳達，一雙玉腿被包裹在義大利設計師**Giulio Coltellacci**爲她量身打造的白色高統靴裡。

銀幕外的大街上，**Courréges** 和**Paco Rabanne**這兩位當時的頂尖設計師及其仿效者帶動的太空熱風靡一時。法蘭克‧辛納屈（**Frank Sinatra**）的女兒南西‧辛納屈（**Nancy Sinatra**）在流行歌曲裡吶喊：「長靴是讓人穿著走的！」

七○年代早期，人人熱愛滑雪，儼然是全民運動，加上太空人登陸月球的話題發燒，這兩股風潮詭異地交織在一起，激盪出全新靴款：登月靴（保暖靴）（**the Moon Boot**）。

接下來的十年間，人們隨著馬頓（**Sandy Marton**）的專輯《伊比薩島人》（*People from Ibiza*）起舞。巴利阿里群島（**Balearic Islands**）上的迪斯可舞廳帶動的流行風潮席捲全歐洲，即便是八月中大熱天，輕盈的麂皮靴仍然大受歡迎；這種麂皮靴的設計靈感來自北美印地安婦女腳上穿的靴子。

當然，長靴不但是印地安人的基本裝束，也是牛仔的行頭。牧工穿的靴子（**Camperos**）及其改良款──防塵牛仔靴，也在都市中流行起來，就像超級經典的休閒褲──牛仔褲一樣。

然後，我們的世代登場。時值第三個千禧年之初，穿長靴的女人選擇可多啦。各式各樣的鞋跟高度、筒型、材質應有盡有，可以順應各種季節、任何場合。沈

姓名：

地址：
市
縣　　市／區

鄉／鎮　路
街　　段
巷
弄
號　樓
（請寫郵遞區號）

大塊文化出版股份有限公司　收

１０５
台北市南京東路四段25號11樓

Future · Adventure · Culture

謝謝您購買這本書！
如果您願意，請您詳細填寫本卡各欄，寄回大塊文化（免附回郵）
即可不定期收到大塊NEWS的最新出版資訊及優惠專案。

**姓名：** ＿＿＿＿＿＿＿＿　**身分證字號：** ＿＿＿＿＿＿＿＿　**性別：**□男　□女

**出生日期：** ＿＿＿年＿＿＿月＿＿＿日　**聯絡電話：** ＿＿＿＿＿＿＿＿＿＿＿

**住址：** ＿＿＿＿＿＿＿＿＿＿＿＿＿＿＿＿＿＿＿＿＿＿＿＿＿＿＿＿＿＿＿＿

**E-mail：** ＿＿＿＿＿＿＿＿＿＿＿＿＿＿＿＿＿＿＿＿＿＿＿＿＿＿＿＿＿＿＿

**學歷：** 1.□高中及高中以下　2.□專科與大學　3.□研究所以上

**職業：** 1.□學生　2.□資訊業　3.□工　4.□商　5.□服務業　6.□軍警公教
　　　　7.□自由業及專業　8.□其他

**您所購買的書名：** ＿＿＿＿＿＿＿＿＿＿＿＿＿＿＿＿＿＿＿＿＿＿＿

**從何處得知本書：** 1.□書店 2.□網路 3.□大塊電子報 4.□報紙廣告 5.□雜誌
　　　　　　　　6.□新聞報導 7.□他人推薦 8.□廣播節目 9.□其他

**您以何種方式購書：** 1.逛書店購書 □連鎖書店 □一般書店　2.□網路購書
　　　　　　　　　　3.□郵局劃撥　4.□其他

**您購買過我們那些書系：**

1.□touch系列　2.□mark系列　3.□smile系列　4.□catch系列　5.□幾米系列
6.□from系列　7.□to系列　8.□home系列　9.□KODIKO系列　10.□ACG系列
11.□TONE系列　12.□R系列　13.□GI系列　14.□together系列　15.□其他

您對本書的評價：(請填代號 1.非常滿意 2.滿意 3.普通 4.不滿意 5.非常不滿意)

書名＿＿＿＿　內容＿＿＿＿　封面設計＿＿＿＿　版面編排＿＿＿＿　紙張質感＿＿＿＿

**讀完本書後您覺得：**

1.□非常喜歡 2.□喜歡　3.□普通　4.□不喜歡　5.□非常不喜歡

**對我們的建議：** ＿＿＿＿＿＿＿＿＿＿＿＿＿＿＿＿＿＿＿＿＿＿＿＿＿＿
＿＿＿＿＿＿＿＿＿＿＿＿＿＿＿＿＿＿＿＿＿＿＿＿＿＿＿＿＿＿＿＿＿＿＿＿＿
＿＿＿＿＿＿＿＿＿＿＿＿＿＿＿＿＿＿＿＿＿＿＿＿＿＿＿＿＿＿＿＿＿＿＿＿＿

寂了幾年之後，八〇年代中期到九〇年代中期，長靴捲土重來，風行不墜。幾乎找不到任何一個女人沒有起碼——再強調一次，起碼——兩雙長靴在鞋櫃裡。靴子可以搭配褲子、裙子、長洋裝、短洋裝；不管是白天、晚上，平常上班，週末放假都速配。

有些女人因為小腿或腳踝不好看而特別喜歡長靴；她們發現，有了長靴，終於可以放心地穿上裙子了。也有愛穿短裙的女人用長靴包裹雙腿，免得被誤以為是阻街女郎。有的女人純粹是怕冷而穿長靴，她們受不了大衣覆蓋不到的那一截腿暴露在冷風中，而一般鞋子太輕薄擋不住寒流。有些女人（不多！）有美美的膝蓋，懂得用靴子凸顯它以壓倒群芳。有些女人（又是伊美黛症候群！）早就明白：沒錯，長靴是鞋子的一款，但它可

是另一大宗，值得收集，就算它們會占據大量的空間也在所不惜。

　　買一雙長靴比起買其他鞋子，要考慮得更多但也更叫人滿足。靴子決定一切，是目光焦點，對整體造型影響很大。一般來說，長靴比一雙有牌子或質感好的鞋子來得貴，多花點時間精挑細選是值得的。總之，買長靴要深謀遠慮，就像選購我們每天（或幾乎每天）要用的那個包包一樣。

　　不滿意自己小腿的女人，甘願拱手讓出彈性布料做的無拉鍊長靴，因為這種靴子會讓蘿蔔腿更加醒目。腳踝粗的女人會挑腿筒頂端略寬的長靴，製造一種向下延展、修長高姚的視覺效果。喜歡有綴飾和特殊顏色長靴的女人，會刻意搭配沒那麼鮮豔的洋裝或裙子，因

爲，此時注意力的焦點要放在（或者應該放在）長靴上。

　　只要記得以上這些小撇步，就可以盡情享受穿長靴的樂趣。長靴是現代生活最棒的鞋款，只有在幾種狀況下，我個人不會建議穿長靴：

❖ **長途飛行**：下飛機前要把腫脹的腳硬塞回長靴裡，你就知道什麼叫悲慘。

❖ **看超長電影**：尤其是那些打上波蘭文字幕、「很有意思」的阿富汗電影。

❖ **祕密幽會**：如果被當場抓包，千鈞一髮之際還得套上長靴，眞是要命。

---

❷「美好年代」（la Belle Epoque）係指一八七一～一九一四年，一次大戰以前的法國，藝術文化昌盛繁榮的景象。

❸「搖擺倫敦」（Swinging London）是指一九六〇年代，英國掀起一股多采多姿、朝氣蓬勃的新興文化潮流；求新求變的倫敦年輕人帶動音樂、時裝、電影、藝術各領域的創新。

# 短統靴，
## 腳踝的盔甲

其實短統靴遮得比長靴還多，
就像給腳踝披上一層**盔甲**似的。

　　它們沒那麼搶眼，一般來說比長靴實穿。時下的人

常拿它搭配褲裝，有些大膽的女人會搭配短裙穿。這樣

做很冒險，因為如此一來，雙腿在最關鍵部位被「切」

掉了；整體看來，就算是比例最完美的身材，也難以挽

救。這說起來是歷史的宿命：短統靴當初就是設計給男

人穿的。最早是「披頭四合唱團」（Beatles）穿了這種靴子使其聲名大噪，所以基本款短統靴就叫做「披頭靴」。披頭靴是黑色皮質，沒有拉鍊，但側邊有個鬆緊帶嵌片。最初鞋頭是圓的，但後來變得愈窄愈長，而當時的流行音樂則愈來愈嘈雜、迷幻、放浪不羈。後來的龐克和「油漬搖滾」（Grunge）年代，短統靴被改造成馬丁大夫鞋這種越野硬底鞋（從軍靴來的靈感），以鞋帶和深暗色澤塑造出都會風。

早在披頭四於利物浦發跡之前，短統靴便已出現在英國，而且女人也穿。維多利亞皇后穿的那款知名的纏帶靴（Balmoral boots）——以皇家蘇格蘭夏宮命名、半布料半皮革製的靴子——搭配及膝洋裝非常時髦，不過後來卻消失無蹤。

過了很久，事實上是等到迷你裙出現，女人穿的短

統靴才又再度流行，而且和它的「老大哥」

——長靴——一樣經歷過一番改頭換面。

短統靴配合當時流行趨勢，採用特殊材質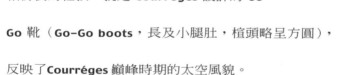

（塑膠、漆皮、兩側有透明的孔眼）製成，

方頭造型，並鑲有金屬裝飾。當時大家競

相仿製的鞋款，就是 **Courréges** 設計的 **Go-**

**Go** 靴（**Go-Go boots**，長及小腿肚，楦頭略呈方圓），

反映了**Courréges**巔峰時期的太空風貌。

　　短統靴迷自成一族，和路易跟迷的調調有點像。短

統靴總有那麼點雌雄同體的味道，因為，除了少數例

外，短統靴特別受到慣穿褲裝的女人青睞。喜歡買短統

靴的女人，一般說來，對那些「名副其實」的鞋子、裙

子，以及打扮得花枝招展的女人瞧不上眼。

其實短統靴遮得比長靴還多，就像給腳踝披上一層盔甲似的。它在都市裡昂首闊步，大聲宣示一種果決的個性，對任何勾引誘惑皆不為所動。

穿短統靴的女人，不管她看起來多麼甜美或純潔，是有能耐組個搖滾樂團、在公司的董事會興風作浪、脫手家族企業轉而經營農莊民宿，或諸如此類瘋狂行徑的女人。甚而更常見的是，穿短統靴的女生嫁了人或有男朋友之後，往往以為她的感情世界是刀槍不入的。

還是別太自信的好。因為大多數男人對短統靴的喜好程度和及膝長襪差不多——也就是說，一點也不愛！他們能接受的短統靴只有一種：苗條纖細，也許有獨特的花樣，配上毫不含糊、女人味十足的鞋跟。

# 芭蕾鞋，
## 夢想變成奧黛麗

如果有那麼一種鞋，需要一雙纖細的腳踝、優美的足部、
完美的體態、輕盈的步伐來配合，非芭蕾鞋莫屬。

　　芭蕾鞋可以說是鞋子世界的白襯衫：簡單、優雅、

經典，適合隨性混搭。白襯衫和芭蕾鞋都不禁令人聯想

到女星奧黛麗・赫本（**Audrey Hepburn**），這位獨樹一

格的時尚典範。

　　奧黛麗，赫本是有想法的女人。不像時下很多年輕

女星全靠專業造型師打點，她和專屬的服裝設計師一起挑選衣服（譬如，**Balenciaga** 和紀梵希〔**Givenchy**〕），而且，有時候根本是自己來。

　　曾經有這麼一則逸事：有一次臨時得出席某個重要場合，奧黛麗卻不小心把咖啡灑了一身，於是她換了件不起眼的普通黑裙子，跟老公借了件白襯衫，在腰身打了個結，當場發明了一款新造型。

　　同樣地，她認定自己五呎七吋的身高已經夠高，對好萊塢的刻板印象不屑一顧，有本事穿上平底鞋而絲毫不減性感魅力和女人味。

　　今天大家熟知的芭蕾鞋，是由**Salvatore Ferragamo**設計的。**Ferragamo**出生於義大利南部伊爾披尼亞省（**Irpinia**）一個窮苦的大家庭（他在十四個孩子裡排行

第十一）。二十幾歲時，他已經是「替好萊塢做鞋的人」。他為無數的電影設計、製作演員的鞋子，其中包括小道格拉斯・費爾班克斯（**Douglas Fairbanks Jr.**）主演的《十誡》和《月宮寶盒》。**Ferragamo**和魯道夫・范倫鐵諾（**Rodolfo Valentino**）、葛麗泰・嘉寶（**Greta Garbo**）、瑪麗・畢克馥（**Mary Pickford**）等人皆頗有交情。到了三〇年代，**Ferragamo** 回到義大利，在佛羅倫斯自創品牌，巨星名流依然紛紛找上門來。

多年來，**Ferragamo**打理過伊莉莎白女王、溫莎公爵夫婦、義大利女皇瑪麗亞・荷西（**Maria José**）、義大利女星蘇菲亞・羅蘭（**Sophia Loren**）、安娜・馬納尼（**Anna Magnani**），以及義大利以外其他國家的影星，包括卡門・米蘭達（**Carmen Miranda**）、瑪麗蓮・

夢露、英格麗・褒曼（Ingrid Bergman）等人的足上風
情。不管是過去或現在，Ferragamo 的產品都被認為是
鬼斧神工的傑作：典雅、匠心獨具，而且舒適得不得
了。可以想見，奧黛麗・赫本到義大利拍《羅馬假期》
時找過 Ferragamo；此後終其一生，奧黛麗都是他的忠
實顧客。

　　少女時代的奧黛麗學過舞蹈，舉手投足之間散發
著天生風采。這是 Ferragamo 之所以為她設計「芭蕾
鞋」的緣故。芭蕾鞋的專利只有在一九五七年歸義
大利國立中央檔案資料館所有，不過在此之前，芭
蕾鞋已經問世起碼三年了。從 Ferragamo 博物館

收藏的原始設計圖裡可以清楚看見，設計師是如何把一雙真正的經典舞鞋改造成平常走路穿的鞋子。

Ferragamo 從奧黛麗身上汲取靈感，把芭蕾鞋做了些修改，打造出一雙優雅的低跟淺口包鞋，也就是著名的「莎賓娜鞋」（Sabrina heel），這個名字是由電影《龍鳳配》裡女主角在劇中的芳名而來。

話說回來，並不是人人都像奧黛麗‧赫本一樣麗質天生、高挑優雅，所以貿然穿上芭蕾鞋之舉，要不是勇氣可嘉，要不就是冒冒失失；端視你從哪個角度看。

穿芭蕾鞋的女人可以分成兩類，一種是低調公主型；她們外貌出眾身材姣好，不爲華麗炫目的流行趨勢所動，泰然自若地穿上這種鞋。她們不化妝，身上的首飾不多（永遠戴同一款），很清楚自己不需要珠寶來烘

托。不會有人批評她的穿著，就像沒人會挑剔奧黛麗一般。

　　但也有第二類人，對芭蕾鞋夢寐以求。穿上它，這些可憐的人兒以爲自己會跟奧黛麗一樣細緻優雅。很抱歉，她們要失望了，事情沒那麼簡單。如果有那麼一種鞋，需要一雙纖細的腳踝、優美的足部、完美的體態、輕盈的步伐來配合，非芭蕾鞋莫屬。穿上芭蕾鞋，足弓沒有支撐，所以很容易像穿拖鞋那樣拖沓腳步。總之，芭蕾鞋很可愛，如何穿得得體卻大有學問。不過，女人沒有個起碼一雙芭蕾鞋的也不多見。事實上，對很多女人來說，芭蕾鞋是她們的最愛，天天都要穿；一旦穿壞了，她們馬上去買一雙一模一樣的。

　　有些男性喜歡芭蕾鞋；通常他們個頭矮，很介意高

眺的另一半奪去自己的光彩。女星妮可‧基嫚（**Nicole Kidman**）的前夫湯姆‧克魯斯（**Tom Cruise**）就是個好例子。他們離婚的時候，妮可‧基嫚向媒體透露，至少有一件事值得慶幸：終於可以穿回高跟鞋了。

不過，大多數的男人都不喜歡芭蕾鞋。他們對那些看了上百次《第凡內早餐》（**Breakfast at Tiffany's**）、為奧黛麗的優雅如癡如狂的女生嗤之以鼻。他們說，搞不懂女人幹嘛把奧黛麗當時尚偶像來崇拜，她一點也不性感。說這種話的都是相信性感和鞋跟高度成正比的男人。他們正巧都很懷念過去生活在碧姬‧芭杜（**Brigitte Bardot**）星球的日子——她呢，也是另一個穿芭蕾鞋出名的女人，不過，她的穿法不同：一步一搖擺，狂野妖嬈。

# 穿男鞋的女人

在瑪琳・黛德麗的腳上，
男鞋展現了嶄新的**優雅**與**性感**。

凱薩琳・赫本（**Katharine Hepburn**）的母親是個
女權主義者，父親是醫生。她從小被教導要做一位獨立
的現代女性，所以，儘管她選擇投身於電影圈這個五光
十色的世界，仍有一套自己的方法演繹她的明星風采和
星光之路。她討厭穿裙子，尤其討厭穿吊襪帶，所以她

幾乎都穿褲裝。如果她生在有絲襪可穿的時代，或許就不會發展出使她紅極一時，並使眾人群起仿效的獨特雌雄同體風格。她穿的寬版長褲和專為她量身打造的男式鞋款是絕配。

　　二〇年代率先穿上男鞋並使之蔚為風潮的女人是艾琳諾‧羅斯福（**Eleanor Roosevelt, 1884-1962**）；她是老羅斯福總統的妹妹，小羅斯福總統的妻子──兩人本來是遠房表親。艾琳諾常穿的一款傳統樣式的鞋，是所謂的「牛津鞋」（**Oxfords**）。她選擇牛津鞋的原因當中，沒有一樣是為了表現自己的風格。這位第一夫人為女性同胞付出很多，展現出一位有主見的領導者、兩次世界大戰之間和大蕭條年代成長過來的那一代女性的風範，並未沾染一絲無謂的輕佻氣息。早在一次大戰期

間，女人在外觀上已經有了轉變：裙子變短變寬，布料變差變粗。也許最大的改變是專門折磨我們女人的可怕玩意兒——馬甲束腹——消失了。當時美國政府的海報上印了一句口號：「鬆開屁股造船去。」戰士的妻子、母親、女朋友改穿舒適的低跟鞋，很適合騎腳踏車、幹活兒、領配給食物時穿；若是在歐洲，這種穿著也比較便於躲避炸彈襲擊。那個年代，女人是平民打扮的軍人。

很快的，雌雄同體風格的鞋款出現在閃亮的聚光燈下，散發的氣息也不再那麼一本正經。穿在葛莉泰‧嘉寶這樣一位獨特迷人的蕾絲族腳上時，綁帶鞋變得曖昧起來。在另一名女星瑪琳‧黛德麗的腳上，男鞋展現了嶄新的優雅與性感。這位德國女演員兼歌手愛鞋如狂，對鞋子也有獨到的見解；她說：「鞋子比起洋裝或套裝

可是重要太多了。它為我們的整體扮相添上優

雅的最後一筆。我建議，買一雙品質好的鞋，勝過三

雙品質不好或馬馬虎虎的鞋。」

　　黛德麗擁有的兩百雙鞋子當中，很多是繫鞋帶、

雙色系的鞋款，就是一般所說的「觀眾鞋」

（**Spectators**）。這種鞋過去很受富有的男性喜愛，

是夏季專用便鞋，以亞麻色系為主。這款鞋的

楦頭、鞋跟和鞋面中間部分是皮質的。

　　搭配上她最愛的褲裝，黛德麗頓時

讓這些鞋子魅力四射。差不多同一個

時期，香奈兒也從這種雙色鞋汲取

靈感，做出一款戀鞋癖為之瘋狂的

鞋子，以現代的眼光來看依然時

髦，堪稱經典：奶油白的鞋面，圓楦頭的部分覆上黑色皮革或漆皮。

香奈兒小姐承認，設計這款鞋子是爲了讓腳看起來小一點，她總覺得自己的腳太大。她是對的；穿上雙色鞋，腳看起來果眞是小巧多了。

說到視覺效果，不得不提：如果你穿淺色鞋子，千萬別穿深色的絲襪或褲襪，反之亦然。這一點黛德麗絕對舉雙手贊成。當她穿褲裝或裙子時，這位「藍天使」從不穿和鞋子顏色呈強烈對比的絲襪。同色系的鞋子和絲襪會瞬間拉長腿部曲線。

新千禧年的女孩，我們千萬要聽瑪琳‧黛德麗的話，因爲她對美腿眞的很有一套。

# 腳後跟法則

腳跟努力抓穩重心，但老是不從人願。

　　基於直覺，我會這麼說：女人們，丟掉後空鞋（**slides**）！這種鞋不可靠又虛偽。第一，你很難買對尺寸。在鞋店試穿時，一邊走動、雙腳一邊在鞋裡滑進滑出，實在很難判斷它會不會好穿——好，我就直說吧：後空鞋不好穿！第二，它連名字都騙人。在法文裡，

"slides" 的原意是指一種木頭鞋（sabots），也就是「木屐」；但事實上，後空鞋是指那種露出腳後跟的可愛夏季鞋款。露趾後空的懶人鞋（mule）則是其改良款。

後空鞋不是設計來走路穿的。它是有錢有勢的人家幾百年家居生活的產物，在十七世紀中期紅極一時。打從一開始，它就是輕浮的配件，不是真正的鞋子。它們是卓爾工藝的奢侈品，用來炫耀刺繡、天鵝絨或錦緞等珍貴布料，以及珠寶和其他綴飾，是專給國王、皇后、交際花在宮殿裡休憩或坐馬車兜風時穿的。

後空鞋起初是平底的，後來加上鞋跟才變得愈來愈高，不過，鞋面才是擅長做便鞋的師傅大展身手之處。

就實用性而言，這種演變成今天的後空鞋的便鞋有

點像掛毯。好，告訴我，掛毯有什麼用處？一點用也沒有！

　　尤其，我們還得穿著這種「掛毯—木頭鞋」到處走動。也許，我們應該到羅馬或佛羅倫斯這種到處舖有鵝卵石街道的地方去穿它，好好練一練後空翻的功夫。


　　我必須說，腳後跟空空如也的鞋子從來不會好穿。露出後跟的情況很多：穿後空鞋、別緻的涼鞋，或荷蘭木屐這早就入土為安的七○年代古董。有件事現在聽起來匪夷所思，不過就是有人心甘情願受流行時尚的虐待：七○年代宣揚女性主義的街頭遊行中，腳踝扭傷是數不清的時尚女鞋奴付出的代價。

　　腳跟努力抓穩重心，但老是不從人願。再者，憑良

心說，腳跟實在不雅觀。所有的男人都這麼想，不過很少人會承認。對他們來說，腳最性感的部位是腳趾頭。想想看，在維多利亞時代，腳跟還被認為是淫穢的，等於是女人雙足的臀部。太不可思議了。到了今天，腳跟已經不會令人有這種聯想——頂多是疏於保養而乾裂、蒼白，不怎麼美觀。看到這種腳跟，男人頓時性趣缺缺，就像看到印有小熊圖案的寬鬆睡袍時提不起勁兒一樣。

除了在海灘邊，另一個露腳跟的機會，是穿上香奈兒首創的後綁帶式鞋款。這種鞋前包後空，不過後跟連著一條帶子。

在這項設計上，香奈兒可說是發揮了革命性的巧思。她認為，女人喜歡後空鞋，不過後空鞋很難穿得有型有款，於是她想到用一條小帶子圈住後腳踝來固定容易滑動的腳跟，讓雙足既穩當又高雅。

可惜呀，就像香奈兒其他很多的發明一樣，這種鞋款變得太經典了反而有點無趣。不過，還是有些場合很可以考慮穿後綁帶鞋。譬如：夏天的辦公室、參加一場春天的婚禮，或是穿包鞋有點太包而涼鞋又太露的情況下，後綁帶鞋——最好是常見的顏色——是最佳選擇。

# 下雨天，
## 美鞋破功

險惡的天候簡直是故意從天而降，
懲罰女人愛美的虛榮心。

　　一九八五年多天，米蘭一連幾天下大雪。報紙報導
米蘭人為了迎戰新聞用語裡說的「白色訪客」，足下裝
備演變的趨勢相當有意思。

　　第一天：平常的鞋子──還蠻樂天的。第二天：稍
厚重的鞋，有強化膠底的。第三天：裡層有毛氈內襯的

靴子。第四天開始，大家豁出去了，紛紛套上登月靴大刺剌地走來走去，像爬山郊遊一般；有些人還穿釣魚靴坐地鐵——這是城裡唯一還能移動的交通工具。

這個故事告訴我們：在下雨天或下雪天，還想保持一派優雅根本是不可能的。再說，險惡的天候簡直是故意從天而降，懲罰女人愛美的虛榮心。

安徒生的童話故事〈踩麵包走的姑娘〉就是最佳寫照。在這個故事裡，這位〈紅鞋〉❶（另一個鞋子惹禍的故事）的作者成功營造出陰森森的氛圍，而且富有說教意味。

故事主角英格是個漂亮而愛慕虛榮的女僕，擁有一雙美麗的新鞋。她替城裡一位仁慈的太太幫傭。有一次，太太要英格帶麵包回家探望住在城外鄉下的老母

親。英格一點也不想回去看媽媽（真是壞透了），她覺得媽媽讓她丟臉。不過，英格還是答應了太太的要求，因為她心想，這是個可以跟村人炫耀新鞋的好機會。

返鄉路上，她怕鞋子沾到水坑裡的泥巴，於是把麵包踩在腳底下穿越泥沼。結果，她受到嚴厲的懲罰：她的腳卡在鞋子裡動彈不得（〈紅鞋〉倒楣的主角也慘遭同樣的下場），麵包則緊緊黏在鞋底。後來英格受到譴責，終生飽受飢餓之苦。

大概是為了使現代英格們免於落入這種下場，二〇〇三至二〇〇四年間受到酷寒襲擊（零下二十幾度）的紐約街頭，出現了澳洲羊毛靴（**ugg boots**）。

這款靴子一在凱特・摩絲、瑪丹娜、黛咪・摩爾等人的腳上亮相，便成了當紅的發燒貨。這種鞋子顯然相

當暖和，連大雪天也不必穿襪子！

　　或許眞的很棒。不過，對我們女生來說，平常的下雨天就已經夠要命的了。我有個朋友是古董商，一個非常優雅、穿著講究的女人，她承認，自己實在沒辦法下手買任何一種便鞋，專門爲崎嶇路面或壞天氣設計的鞋子就更別提了。

　　所以，即便是**Burberry**推出有招牌格紋的高筒卡龍修套靴（**galosh**），情勢並未改觀；即使香奈兒跟進也一樣。它們就是不折不扣的橡膠套靴，一點魅力也沒有，給民防特使穿或到亞馬遜雨林時穿還差不多！卡龍修套靴（**galosh**）這個

名字是和高盧（**Gaul**）有關，這並非純屬巧合，因為，就是羅馬人征服高盧時，偷走了「下雨天在鞋子套上皮套」這個點子。

最原始的卡龍修套靴其實就是套鞋（**overshoe**），就像十九世紀時的人常穿的那種鞋。安徒生也寫了一篇和套鞋有關的童話故事〈幸運鞋〉。不過，和〈紅鞋〉、〈踩麵包走的姑娘〉不同，〈幸運鞋〉講的是一種帶給人好運的魔力。穿上仙女送的套鞋就可以進入夢想中的任何時空，什麼天馬行空的念頭都可以實現。也許，現在炒熱套鞋還真是時候。

---

❶〈紅鞋〉的大意是：有一個貧窮的小女孩，夏天打赤腳，冬天穿木鞋。當她第一次見到紅舞鞋時便著了魔地愛上它。她忘了禱告、忘了聖餐，一心只想著紅鞋。有一天她穿著紅鞋跳舞，從此腳便不停地舞動，紅鞋也脫不掉。最後她為了擺脫紅鞋，只好請求劊子手砍斷她的腳。

# 男人<sub>和</sub>
# 男人的鞋

想找個男伴的女人，會下工夫讓自己變成**男鞋**達人。

　　我們都知道，在愛情裡，女人犯的錯誤很多。其中

一項就是沒留意男人穿什麼鞋。我們整天只想著自己的

鞋，所以沒空多看他們的鞋一眼。

　　舉個例來說，你會愛上一個穿灰綠色網眼莫辛卡鞋

的男人嗎？不可能！但我跟你保證，就是會。因為愛情

是盲目的；再者，我們對男人的鞋子根本一竅不通。

當女人偶然誤闖男鞋區，她往往打個呵欠，掉頭走人——這麼做就錯了，大錯特錯！很多想找老公，或單純一點，想找個男伴的女人，會下工夫讓自己變成男鞋達人，因為，對相當多的男性來說，這種魅力是無法抵擋的。

一般說來，男人還蠻了解自己腳上穿的鞋，雖說像影星丹尼爾‧戴路易斯（**Daniel Day-Lewis**）那麼極端的倒是不多：他曾經息影一年，跟佛羅倫斯的製鞋師傅學做鞋。

那麼，男人對懂得怎麼幫他們挑鞋的女人有什麼看法？他們對那些看足球賽能看出球員越位的女人也有相似的看法：太正點了！

不過，男人終歸是男人，他們認為女人不應該懂得比男人多太多，要不然他們可招架不住。但至少，知道一些基本重點還是不錯的。再怎麼樣，這不失為一個跟男人搭訕的好題材；最好的情況是，你有機會替他挑選一雙鞋在他的婚禮上穿——噢，對不起，是**你們的婚禮**。

　　可以的話，記住愛鞋男人和愛鞋女人之間最主要的差別。

　　男人會仔細而鍾愛地把鞋擦得晶亮，而大家都知道，我們女人認為這種事兒無聊透頂。男人喜歡可以穿上好幾年的鞋子，而女人換新鞋就像吃飯睡覺一樣。最後一點，女人靠衝動和一時興起決定穿什麼鞋，而男人對於什麼鞋該在什麼場合穿早有定見：繫鞋帶的鞋上班

穿，黑鞋正式場合穿，莫卡辛鞋休閒時穿，鞋底齒溝深的靴子壞天氣穿……諸如此類，實際得很，在女人看來還真是沒什麼想像力。不過，這樣也好：臭男生，把好玩的留給我們吧。

雖然男女對待鞋子的方式大不同，也不是不可能相安無事。首先，女人就對男鞋世界有基本的了解是樁好事。所以，親愛的讀者，別打呵欠，繼續看下去。下面這五個話題保證讓滔滔不絕的男人住口，對你另眼相看。

❖十五世紀末，男鞋開始和女鞋分道揚鑣。據說，這和法王查理八世身體上的缺陷有關。這位國王有六隻腳趾，所以他差工匠製作了一雙非常寬的方頭鞋。其後整個歐洲蔚然成風，還蔓延到英國。英王亨利八世及其

弄臣穿的鞋子甚至寬到六吋半。鞋底愈寬，愈顯得有錢有勢。

❖十八世紀的男鞋流行巨大的釦環，十九世紀則風行繁複浪漫的裝飾；但直到十九世紀末，男鞋才出現重大變革。歐洲開始進口美國鞋，那些款式幾經改良後流傳至今：像是波士頓鞋或牛津鞋（繫鞋帶的鞋）、牛頭犬鞋（**Bulldogs**）（和靴子很像，鞋面有鈕釦）、德比鞋（**Derby**）（類似牛津鞋，不過是雙色設計）。平跟船鞋（**loafer**）也是美國來的；原本是制服鞋，給上小學的乖寶寶穿。

❖很多年代裡盛行的高筒靴，二次大戰後驟然無人聞問。高筒靴實在太容易讓人聯想起納粹和法西斯。不過，誰曉得，搞不好哪天又會捲土重來。

❖ 愛德華時代❶很流行男式尖頭鞋，六〇年代的「泰迪族」❷也相中這款鞋，掀起了新紈褲風。

❖ 「沙漠靴」（**Desert Boot**）是一種休閒鞋，於五〇年代問世，和駐埃及的蒙哥馬利第八軍團軍鞋一個樣兒，只是精緻一點罷了。

---

❶愛德華時代：係指一九〇一～一九一九年，英王愛德華七世期間，接續維多利亞時期之後富裕奢華的年代。

❷泰迪族：喜歡穿愛德華七世時期紈褲風格男裝的五〇年代英國青少年。

# 達人祕笈

→ 每個人要找到適合自己的風格、身高的鞋跟。某個女人覺得
　舒服的鞋子，不見得另一個女人穿起來也同樣舒服。
→ 別老是穿同一雙鞋，要輪流穿不同的鞋。
→ 一有機會就打赤腳。

## 鞋跟高度

一般鞋店裡的高跟鞋絕大多數是中等高度，差不多
在 **2～2 3/4** 吋之間。

最高的鞋跟是三吋半，比較特別的款式可能會做到
四吋。

專為時裝秀設計的鞋款偶爾會高到四吋半，但真正上市時通常都降到四吋。

兩吋以下的鞋款有好幾種：像是芭蕾鞋差不多在半吋以下，某些莫卡辛鞋的跟是一吋左右。

嬌小的女人通常喜歡高跟鞋；身高超過五呎七吋的人往往染上「妮可‧基嫚症候群」——她以前跟湯姆‧克魯斯（身高嫌矮了點）在一起的時候，從不穿高跟鞋，以免掩蓋男方的風采。

其實，不是真有什麼規則可循。充其量是女人身高不同，想法各異。有些人——高的矮的都有——爬山時照樣穿三吋半的高跟鞋。有些人即使穿球鞋還是覺得不舒適，儘管大多數人都認為穿球鞋最舒服不過。

另外，有些女人不喜歡有跟的鞋子，不過她們還是

穿：為了表示禮貌，或者因為這樣比較好看；從她們走路的樣子就可以看出來：一晃一晃地，憂心忡忡，很受罪的樣子。有點像那種平常穿慣了Ｔ恤牛仔褲的學生，在口試論文那天必須穿西裝打領帶一樣彆扭。

　　如果看起來一副不自在的樣子，是怎麼也不可能漂亮優雅起來的。


　　總之，每個人要找到適合自己的風格、身高的鞋跟。某個女人覺得舒服的鞋子，不見得另一個女人穿起來也同樣舒服。

　　下次血拼鞋子的時候，別再犯愚蠢的錯誤；先看看你買過的鞋，量量最常穿的那幾雙鞋有多高。

　　老是穿相同高度的鞋沒有什麼不對。事實上，這表

示你不必把褲腳長度改來改去；可以一次搞定，確立自我風格。

　　好處還不止這些。固定的高度還意味著，你不必再去聽那些閒言閒語：「你今天怎麼變高了？穿高跟鞋啦？」好像自己欺騙世人似的。

## 現代「削足適履」術

即便是超級名模娜歐蜜・坎貝兒（**Naomi Campbell**），像貓一樣蓮步輕移，卻曾經在走秀時不慎從一雙超級高的厚底鞋上跌下來。

踩上那種鞋子該怎麼走路，真的要先練習；如果你太常穿那種鞋，受到的傷害可能就不只是偶爾摔了個四腳朝天而已。

有些外科醫師說，三吋半的鞋跟也應該像香菸外盒那樣標示警語：**有害健康**。

這太誇張了吧？未必。

腳部受到擠壓，傷害性是很大的。早年纏小腳的中國女人，往往全身所有的骨頭都出現嚴重毛病，包括骨質疏鬆和關節炎。上了年紀的西方女人，過去在五〇年

代年輕時趕流行，喜歡踩著細高跟搖來晃去的，也有同樣的後遺症。

那麼，年輕一輩飽受高跟鞋荼毒的女鞋奴，骨頭會出什麼問題？現在還很難說，不過骨科醫師不否認，當今的鞋子由於材質柔軟、對鞋內底墊的形狀更為講究，所以降低了傷害性。

不過，很多女人為了穿上某些窄得可以又尖得恐怖的鞋子，已經準備好面對一切，包括手術解剖刀。

在紐約公園大道上的高級診所裡，骨科醫師勒文每星期要替六雙腳動手術；每一隻腳的費用是五千美金。需求量最高的手術是「挫骨」，以及病況更嚴重時需要的拇趾外翻或變形的整形手術。手術兩天後就可以走動自如；一個禮拜後，就可以穿回高跟鞋了。

還有其他哪些可以讓腳更好看的熱門小手術？像是腳踝和小腿脂肪抽取手術，還有在皮下注射矽膠、以軟化穿太尖或太高的鞋子時腳部摩擦到的地方。

　　太扯了，這年代的人深怕外表有一丁點的瑕疵，可又不能不趕流行。不過，見識到女人為了愛美不惜挨刀的本事，我們也就不會大驚小怪了。

## 幸福雙足指南

❖注意，隨著年紀增長，腳板會變寬。所以，沒必要死命把腳硬塞進你向來穿的尺碼的鞋子裡。

如果你穿七號鞋，大概過了四十歲以後就要穿八號鞋。

❖記得，奧黛麗‧赫本說過，要買比平常尺寸大半號的鞋，不管什麼年紀的人都一樣。因為，舒服才可能優雅。

❖同樣的道理，趁腳脹得最大的時候買晚宴鞋，千萬別一大早去買。

❖倘若你在店裡試穿時就覺得不舒適（不管是有跟的或平底的），就不要買回家；別執迷不悟地認為自己一定有辦法「穿上它」。

❖別老是穿同一雙鞋，要輪流穿不同的鞋，這樣鞋子才不會變形，而你的腳也不會只習慣某種鞋型。

❖一有機會就打赤腳──像是在家裡或到海邊玩。

❖穿了一整天有跟的鞋子之後，晚上不妨拿一顆網球按摩腳底。

❖看看你母親和外婆的腳，很多輕微變形是遺傳的。預防勝於治療。

❖如果你的腳常常受傷或兩側紅腫，務必找專家治療，就像定期看牙醫一樣。

❖不管你穿哪款鞋，無論你的腳型如何，以妥善的足部保養來接納、疼愛、呵護你的雙腳。它們是托起你動人氣質的臺座。

## 寶貝你的鞋

「徹底的清潔可以延長皮革的壽命，此時此刻堪稱是國家大事。如果你多付點錢買一雙好鞋，隨時把鞋擦得晶亮，並且適時地更換鞋底和維修，你的鞋子可以穿得更久。」

這是一九四一年英國版六月號《時尚》雜誌上的一段珠璣之語。戰亂年代，花少少的錢，對人人不可或缺的交通工具致上最高敬意。

即使在今天，好好保養鞋子還是可以幫你省一筆，而且，這樣做也是疼惜這些特殊物品的最好方法。

此外，女人外表再怎麼優雅，如果她腳上的鞋髒兮兮、鞋跟磨損，就好像在剝裂的指甲上塗指甲油──或更慘的，穿上勾破的絲襪──多煞風景！所以，彎下腰

把鞋子擦亮,並抹上保養油吧。

&#10070;只用特定的產品,別冒險用簡易自製的配方,因為皮革是很脆弱、有生命的物質。

&#10070;出門前記得刷一下鞋子,把這個動作當成和梳頭髮一樣重要。

❖為了避免鞋子被雨水浸濕弄壞，可以在鞋子表面噴上防水液，它真的很有效，連對麂皮的鞋子也管用。若是不小心被雨淋濕，回到家時，把鞋楦頭撐具套進鞋內，等它風乾後再噴一次防水液。坊間賣的特價塑膠鞋楦很棒，比起迷信高檔貨的人愛用的木頭鞋楦更實用。塞舊報紙這種老方法如何呢？它的確可以讓鞋子乾得很快，但無法避免濕掉的鞋變形。

❖如果鞋子穿幾次就壞了，別只是聳聳肩作罷，把鞋拿回店裡修繕保養。這可是身為消費者的權益，尤其是價格不菲的鞋。

❖如果你的長靴突然在小腿肚的地方變得很緊，別一下子拿去送給比較瘦的朋友：請店家把靴筒撐鬆一點就行了。

❖有人把球鞋丟進洗衣機洗，不過根據行家建議，用一把柔軟的刷子沾上肥皂水或溫和的清潔劑就可以搞定了。至於皮革死角部分，如果卡上污垢的話，用棉球沾一滴牛奶來擦拭。情況嚴重的話，不妨試試立可白。

## 鞋子是怎麼做出來的？

鞋子的製造過程無疑有藝術成分。

曾為迪奧、愛馬仕操刀的知名設計師 Pierre Hardy 對雕塑下過一番功夫；以擅長製作完美比例的鞋跟而聞名的他，主張鞋子「可以勾勒出女人的輪廓，就像繪畫的最後一道筆觸」。

當一名配件飾品設計師可不簡單。不到四十歲的普洛，是當今Tod's鞋款和包包背後的創意靈魂，也是她的自創品牌 "Dove nuotano gli squali"（鯊魚出沒處）設計師。

普洛畢業於米蘭Marangoni服飾設計學院，一開始和其他人一樣想要當服裝設計師。機緣巧合之下，她的第一份工作是擔任飾品設計師的助理，展開她的事業。

普洛說自己非常幸運，她在最好的時機，也就是正當配件開始在時裝界嶄露頭角時入行。時至今日，已經少有設計師願意委身於某個頂尖名牌旗下，他們全炙手可熱。

所以，鞋子是怎麼做出來的？

「任何東西都可以激發我的靈感，」普洛說：「先要認識時尚，也就是最新時裝，才能掌握流行趨勢。然後自己要作功課：研究以前的鞋子，或是到二手市場挖寶，連那些看起來很不搭軋的東西也別放過。我曾經在紐約一家賣狗飾品的店，買了一些很棒的項圈，我覺得它們會給我一些點子。

「好幾季之前，我設計了一個新系列，題獻給拉布蘭（**Lapland**）：我重新詮釋了他們傳統的飾品，以及

那個國家天空的顏色和給人的印象。

「從事這一行所要做的除了這個層面之外，還有具體的一面：田野調查。聆聽我週遭的女人說話，聽她們抱怨、或讚美各種設計。當我有個清楚的想法，也選定了主調，便著手設計某個系列的基本樣式。」

一旦普洛的設計得到認可，設計圖樣就被拿到公司的鑄模部門；從不成形的木頭打造成鞋模或鞋楦，然後再包覆皮革或其他材質。

以穿十號衣服的人為基準，最小的鞋號不久前是五號半。不過，義大利女人的平均身高和腳板長度有增長的趨勢，所以目前最小的鞋號是六號。

然後，鞋模被送到鞋跟製作中心，完成整個鞋子原型——也就是小巧的實心木楦，有時則是塑膠的。

鞋模完成後，設計工作在鞋履模特兒腳上繼續進行。普洛和鞋履模特兒一起工作，進行必要的修改，真正的製鞋工作是在這個階段開始的：裁鞋面、製作鞋底和鞋跟。整個過程大概牽涉了一百多個步驟。

你穿幾號鞋？

Ferragamo依腳的大小把女人分成三類：灰姑娘型、維納斯型、貴婦型。

灰姑娘型的女人腳很小，六號以下的都是。維納斯型的是六號，六號半以上的屬於貴婦型。

女星蘇珊・海華（Susan Hayward）、溫莎公爵夫人、辛浦森夫人（Wally Simpson）都是維納斯型的（Ferragamo認為，維納斯型的腳相當完美）。麗塔・海沃斯（Rita Hayworth）是維納斯6A型，換言之，就是稍寬的六號（怪了！美女的腳不都要纖細一點嗎？）葛麗泰・嘉寶個子很高，是貴婦7AA型，洛琳・白考兒（Lauren Bacall）是9AAA，腳板很長又很寬。（怪怪！該細長一點，不該那麼寬吧？）

到國外買鞋子時要注意，在不同的國家，相同尺寸的實際大小可能會有出入。下面的換算方式很有用：

>> 義大利（或法國）**37**號＝英國**4**號＝美國**6**號

>> 義大利（或法國）**38**號＝英國**5**號＝美國**6**號半

>> 義大利（或法國）**39**號＝英國**5**號半＝美國**7**號

依此類推。

# 後記

　　暢銷作家康薇爾（**Patricia Cornwall**）在驚悚小說

《紅眼蠅》（*Calliphora*）中寫道：「有些連續殺人狂迷

戀鞋子和腳……有些男人看到某類鞋子就開始亢奮，升

起一股想殺死穿鞋者的慾望。很多連續殺人狂犯案之

初，是從偷他所著迷的東西開始的；他潛入女人的屋子

裡拿走她們的鞋、貼身內衣褲、以及激起他性慾的束西。」

真恐怖。也許她說的是真的。但是，老實說，你會因為害怕一個假想的戀鞋癖殺人魔而不買鞋子嗎？才不咧。

愛鞋成癡的女人內心深處藏著夢靨。

電影《玫瑰戰爭》裡，麥克·道格拉斯（**Michael Douglas**）飾演的身陷離婚泥沼的丈夫，拿起妻子（凱瑟琳·透納〔**Kathleen Turner**〕飾演）的鞋，一雙接一雙地鋸掉鞋跟的景象，就是最佳寫照。依我看，男人的閹割恐懼相形之下根本不算什麼！

所以，總而言之，如果你買了、或人家送你這本書，而且你也看到這裡，你大概有很多雙鞋，或者你很

想要有很多雙鞋，而且還因為覺得鞋子永遠都不夠而常有罪惡感。或者更屢見不鮮的是，你會買一些和自己的生活風格、穿衣風格、體態身材完全不搭調的鞋子。沒關係，大可安慰自己：開心點，有一大票人跟你是一國的。

老牌影星瓊・克勞馥（**Joan Crawford**）曾經坦承：「鞋子是我的罩門。」她說自己有三百雙鞋。另一位好萊塢巨星珍・曼絲菲（**Jayne Mansfield**）有兩百雙。

希特勒的情婦夏娃・布勞恩（**Eva Braun**）和阿根廷第一夫人夏娃・裴隆（**Eva Peron**）這兩位夏娃也是惡名昭彰的鞋痴。

第三位大名鼎鼎的夏娃：「亞當」太太，卻是史上

絕無僅有的那個從沒嘗過挑選鞋子的飄飄然快感的女人。我們同情她，而且我們了解她爲什麼會跟蛇要好起來惹出一堆麻煩。

　　她一定是抓狂了，因爲上帝告訴她：「你置身人間天堂。」可是她放眼四周，卻連半家鞋店也沒有！

# 鞋的關鍵詞

★芭蕾鞋（ballet-shoes）：又稱芭蕾伶娜
（Ballerine）。圓頭、鞋跟約在半吋以下，以古典芭蕾舞
鞋為樣本改造而成，**Salvatore Ferragamo** 於一九五七
年取得該鞋款專利。由於傳奇女星奧黛麗‧赫本、碧
姬‧芭杜對芭蕾鞋的愛戴，使其大受歡迎。

★**Campari**：細尖頭、鑽孔錐般細高跟的黑漆皮瑪麗珍。受全世界鞋迷膜拜的時尚鞋履教主——西班牙設計師**Manolo Blahnik**於九〇年代初期設計的一款重要的經典鞋款。

★**Camper**：西班牙品牌的「麵包」形圓頭鞋，深受反全球化的另類年輕人喜愛。有些款式左右腳的設計不同，有那麼點雙重人格的味道。

★仙杜菈（**Cinderella**）：大受歡迎的童話故事《灰姑娘》女主角，仙杜菈原本是女僕，而後麻雀變鳳凰，因為只有她的腳可以套進王子撿到的一隻小巧的鞋——根據格林兄弟和法國作家查理・佩羅的版本，她穿上的是玻璃鞋；中國版的灰姑娘穿的是純金鞋；拿波里版的灰姑娘穿的則是絲綢做的鞋。不管是什麼樣的鞋，

這個童話故事賦予鞋子某種魔力，象徵女性的嬌柔與脆弱，豐富了我們的想像。

★後綁帶鞋（slingbacks）：有一條細帶繫住裸露的腳後跟的鞋款，是傳奇的法國設計師可可‧香奈兒發明的。

★克倫威爾鞋（Cromwells）：鞋面有大釦環的有跟鞋，流行於十九世紀末的英國。這個名字讓眾人誤以為，大釦環的鞋子在十七世紀圓顱黨領袖克倫威爾當權時很流行；事實上並非如此。

★德比鞋（Derby）（又名牛津鞋〔Oxford〕）：綁鞋帶的男鞋（很多女人也喜歡），通常是雙拼色（這種雙色鞋也叫「觀眾鞋」），在二、三〇年代特別流行。

★布面藤底涼鞋（Espadrilles）：夏季鞋款，風行

於七○年代。源自西班牙,帆布面、繩編鞋底。有平底

款式,常做成後空鞋;另一種款式是楔形鞋底、有鞋帶

纏綁腳踝。

　　★**赫魯雪夫（Kruschev Nikita）**:蘇聯領導者,六

○年代聯合國會期的某次吵鬧的會議上,他脫下鞋子,

往桌上大力一拍。這件事和這本書一點關係也沒有,我

提起他只是想告訴各位:氣質美女們,千萬別學他。

　　★**伊美黛**:菲律賓前獨裁統治者馬可仕之妻,出生

於一九二九年的超級大富婆,出了惡名地奢侈浪費。據

說她有三千雙鞋,她對此矢口否認,辯稱她「只有」一

千六百雙。有收集鞋子癮的女人常被說成是「伊美黛

狂」。

　　★**瑪麗珍（Mary Janes）**:有踝扣的鞋子,通常是

圓頭鞋。最早是從一款兒童拖鞋改造而來的，而那款兒童拖鞋的靈感則是出自二十世紀初熱門的漫畫人物巴斯特布朗和他的妹妹瑪麗珍。布朗鞋履公司（**the Brown Shoe Company**）取得漫畫人物的版權，這家公司因著巴斯特布朗的名氣變成美國家喻戶曉的童鞋製造商。

★**牛津鞋**（**Oxford**）：（見德比鞋）。

★**平跟船鞋**（**Penny Loafer**）：船鞋是都會版的莫卡辛鞋。這名字是從五○年代流行的一種遊戲而來；當時的美國學生穿船鞋時，喜歡把一枚硬幣（一分錢，**penny**）塞入鞋面的翻摺片裡。

★**後空鞋**（**Slide**）：露出腳後跟，沒有踝扣帶的鞋子；有平底和高跟款式。

★**莎賓娜鞋**（**Sabrina heel**）：矮跟鞋，鞋跟有點

弧度，非常有女人味的鞋，靈感來自奧黛麗·赫本和比利·懷德（**Billy Wilder**）主演的電影《龍鳳配》。

★**觀衆鞋**（**Spectator**）：（見德比鞋）。

★**帆船鞋**（**Sperry Top-Sider**）：世上第一雙帆船鞋。這款鞋是以發明該鞋款的美國人史裴力（**Paul Sperry, 1895-1982**）命名的。史裴力出生於康州，熱愛帆船，他從愛狗——長毛可卡犬「王子」——的腳掌得到靈感，發明抓地力強勁的橡膠鞋底。

# 致謝

感謝幫助我完成這本書的所有人，尤其感謝波拉
（**Sara Porro**）、仁里尼（**Fulvio Zendrini**）、歷希（**Stefania
Ricci**）和費洛加莫女士（**Wanda Ferragamo**）。

感謝薩勒諾（**Nicola Salerno**）提供埃里歐（**Elio**）
的那首詩。

感謝導演維德利（**Carlo Verdelli**）、副導盧契尼（**Cristina Lucchni**），以及安力卡（**Enrica**）、龐柏（**Bombs**）、提席（**Tissy**）、芭芭麗娜（**Barbarina**），還有《浮華世界》雜誌（***Vanity Fair***）的編輯群。爲了鞋子的問題，他們被我糾纏了好幾個月。

感謝裘凡格尼尼（**Maria Laura Giovagnini**）經常爲我加油打氣，還有我的編輯梅夏尼（**Marcella Meciani**），她呢，就像大家常說的一句老話（確實如此！）：對我永遠有信心。

也要感謝我老媽和眾姊妹淘們，過去二十年來我們一同度過無數個鞋子的燦爛輝煌時刻。從八〇年代的冰淇淋高跟鞋❶一直到二〇〇二年的竹子後空鞋❷，從瘋迷法式美足保養，以及到拍賣網站買鞋，我們眞的很忠

於自己，起碼很忠於我們的腳，以及關於腳的一切。過
癮極了！

特別感謝吉安瑪麗亞（**Gianmaria**），謝謝她每次看
到我買了新鞋時的那張（消遣人的、逗趣的）臉。

最後，也是最重要的，我要感謝卡戈里（**Giulia
Cogoli**），她不但是我最棒的朋友，還介紹我認識了瑪
瑟菈（**Marcella**），莎菈‧普洛和吉安瑪麗亞。

---

❶冰淇淋高跟鞋（cone heel）：是指香奈兒（Chanel）推出的鞋款，鞋跟
形似冰淇淋甜筒。

❷竹子鞋（bamboo）：是指古馳（Gucci）推出的鞋款，鞋後跟設計成該
品牌知名的竹節造型。

# aella 04

# voglio quelle
# scarpe!
## 我要那雙鞋！

作者：寶拉·約蔻比(Paola Jacobbi)

責任編輯：楊郁慧

美術設計：楊雯卉

法律顧問：全理法律事務所董安丹律師

出版者：大塊文化出版股份有限公司

地址：台北市105南京東路四段25號11樓

www.locuspublishing.com

電話：02-8712-3898　傳眞：02-8712-3897

讀者服務專線：0800-006-689

戶名：大塊文化出版股份有限公司

郵撥帳號：18955675

版權所有　翻印必究

*voglio quelle scarpe!* by Paola Jacobbi

Copyright © 2004 by Sperling & Kupfer Editori S.p.A.

Chinese translation copyright © 2006 by Locus Publishing Company

Published by arrangement with Sperling & Kupfer Editori S.p.A.

ALL RIGHTS RESERVED

總經銷：大和書報圖書股份有限公司

地址：台北縣五股工業區五工五路2號

電話：02-8990-2588　傳眞：02-2290-1658

初版一刷：2006年7月

定價：NT$250元

ISBN：986-7059-14-X

Printed in Taiwan

國家圖書館出版品預行編目資料

我要那雙鞋！/ 寶拉.約寇比
(Paola Jacobbi)著；廖婉如譯. -- 初版. --
臺北市：大塊文化，2006[民95]
面；　公分. -- (aella；4) 含索引
譯自：Voglio quelle scarpe!
ISBN 986-7059-14-X(平裝)

1.鞋 – 文集

423.5507　　　　　95006850

aella

aella

aella

aella